NLP 突破性行銷

龐峰 著

啟動夢想，
引領成功之路，
引爆行銷革命

贏得客戶好感，建立客戶忠誠，創造積極互動關係

以 NLP 突破性行銷為核心，重新塑造行銷思維

採取有效的行動，挖掘客戶的購買心理
快速建立與客戶之間的情感連結
突破客戶的層層心房，提升產品成交量
展望行銷市場的未來，贏得競爭優勢

第九部分　放眼行銷的未來

前言　行銷應該達到的效果

我們以服裝銷售為例來進行說明：同樣一件衣服，如果被優秀的銷售人員賦予恰當的行銷，顧客不僅會十分樂意購買，而且穿到身上會覺得得體而舒適，彷彿這件衣服就是為自己量身打造的；相反，如果某些蹩腳的銷售人員的行銷不恰當的話，顧客不僅沒有購買的欲望，即使勉強買了，也會有種「怎麼看都不順眼」的感覺，而且，他會打定主意：

以後再也不買這個牌子的衣服了。

衣服並沒有區別，之所以導致顧客的反應差別如此之大，主要的原因就是行銷。

在眾多從事行銷產業的人員當中，我們時常會見到後者，行銷對他們來說，就像碰運氣一般，今天遇到的這個顧客比較容易被打動，於是行銷成功了，大部分時候則會被拒之門外。對比而言，前者彷彿天天都是鴻運當頭，幾乎每一次都能夠成功將商品推薦給顧客。

由於前者在整個從業人員中寥寥可數，於是，過去我們就形成了一種「認知」：行銷是一種天賦，要想成功行銷，要麼就多聘用具有「業務員潛力」的人，要麼就應該多學習行銷的技巧。但是，在實際的行銷過程中，從業人員又會經常發現，過多使用行銷技巧，有時不僅不能使行銷更成功，反而會造成負面效果，加重顧客的牴觸心理。

1960年代，數學家、心理學家和電腦專家理查·班德勒（Richard Bandler）和世界最負盛名的語言學家之一約翰·格林德（John Grinder），開始對一些成功人士的語言和行為模式進行研究，以期了解人類的大腦怎樣運作會讓人們更容易獲得成功。該研究的成果，即二人共同命名的NLP（Neuro — Linguistic Programming，神經語言程式學）。

如今，NLP 已經在各個領域都有了其細分的研究和應用。我編寫本書的主要目的，便是將我在從業過程中如何把 NLP 與產品行銷系統化地結合在一起並實踐，從而大幅度提升企業績效的經驗介紹給大家，讓行銷變成人人都可以掌握和熟練應用的技能。

如果你是一位企業的管理人員，產品如何行銷可能一直是你們企業發展的難題，那麼，本書中有關聯邦快遞（FedEx）、三星（SAMSUNG）、沃爾瑪（Walmart）等世界 500 強企業的「解剖式」管理評論和分析，也許能夠讓你獲得些許啟示；如果你是一位行銷領域的資深從業人員，已經累積了不少有關行銷的經驗和心得，那麼此書中 NLP 產品行銷模式的系統介紹，也許能夠讓你行銷的境界得到提升；如果你是一位準備從事行銷產業的新人，那麼讀完此書，你對行銷便有了一定程度的了解……

為了讓讀者更好地將觀念轉化為行動並應用在具體的行銷過程中，本書中還介紹了很多實用的方法。

如何採取積極有效的行動，探詢和挖掘客戶的購買心理？

如何具備超級誘惑力，以最快的速度與客戶建立情感契合？

如何有效利用產品說明，辨別、聚焦及滿足客戶的利益點？

如何有效處理客戶異議，消除客戶購買的抗拒心理？

如何突破銷售障礙，成功說服客戶促成交易？

如何獲得自我控制的力量，挑戰極限，提升自己的工作熱情？

如何掌握正確的管理模式，建立一支高績效的行銷團隊？

如何決戰大未來，建構未來市場行銷體系，贏得持續競爭優勢？

由於這些方法都是建立在基於願景、使命、目標的行銷新模式——NLP 突破性行銷之上的，因此，在應用的過程中，你會發現它們是一個渾然天成的體系，你能夠極其自然地掌握這些方法。

而且，這些方法也絕不是空洞的，以「採取積極有效的行動，探詢和挖掘客戶的購買心理」這一主題為例，你會發現其中充滿了豐富的細節，比如，贏得客戶好感的辦法、聆聽和發問的技巧等，可以說，在具體的行銷過程中你能遇到的問題，這本書中都有所介紹或涉及。

這些方法雖然看上去簡單，其中的涵義卻十分豐富，需要你進一步理解和學習，以便在具體應用的過程中，形成適合自己的一套應對系統。

書中的一些方法和理念，或許過去你在行銷的過程中已經有所接觸，那麼，你會感受到一種靈魂的碰撞，你甚至會在閱讀的過程聽到自己的腦海中不時冒出「沒錯，就是這樣的！」

還有一些內容，或許講的正是你一直以來遇到的困惑，那麼，讀到的時候你便會有豁然開朗之感，即使當下未必真正理解，在以後的行銷實踐中，你也能夠心領神會。

不管獲取知識還是累積經驗，都需要一個過程，也許我在本書中提到的一些理念，你讀的時候並不理解或者不認同，但我希望，會在你從事行銷相關工作的過程中帶給你一些啟發。也許，某一天你遇到一個十分棘手的客戶，但你相信自己一定會有應對之策，並在仔細分析後獲得了絕佳的方案。

仔細閱讀本書，並依照其中的理念和方法積極地投身實踐，你會發現自己就是那個具有「業務員潛力」的人，而且在需要你發揮潛力的時候，你會更主動、更強大、更有力量！

希望本書像一粒種子，讓你的事業結出豐碩的果實！

第一部分

NLP 突破性行銷：重塑思維與目標

NLP 突破性行銷是什麼？

所謂「NLP 突破性行銷」，是指建立在 NLP 技術原理的基礎上，並最終進入到行銷的流程、組織與資源、管理技術等方面，有效保證行銷「落實」的創新實踐。NLP 突破性行銷致力於為企業銷售和市場行銷提供一體化解決方案，幫助企業拓展品牌策略和行銷管道，徹底打破傳統行銷模式的桎梏，發現潛在的市場機會和利潤，確保企業獲得獨一無二的持續競爭優勢。

對於從事行銷或銷售工作的你來說，是否已經注意到如今的市場行銷環境與多年前已完全不同，它比以往任何時候都顯得複雜多變。曾經屢試不爽、無往不利的行銷模式和規則，如高壓銷售、迅速成交等，在這個以消費者為主導的市場環境下，所展現出的銷售力量顯然已微乎其微。

隨著市場環境的逐漸成熟、企業之間的競爭日趨激烈，消費者擁有的「市場權利」越來越大，他們變得更加精明和世故，任何銷售人員已不能再以強制的方式向客戶推銷。時代在變化，在新常態的市場環境下，傳統的行銷思維和模式已經進入了死胡同。這就意味著，在不斷變化的市場環境面前，企業必須要突破傳統的行銷思維和理念，積極改變和調整自身的行銷策略，為客戶或消費者提供更多樣化的解決方案，從而實現由「以產品為導向」到「以客戶需求為導向」的策略轉型。

毋庸置疑，無論選擇怎樣的行銷模式，銷售的最終目的都是「實現交易、創造利潤」。但我們都知道，銷售的本質是「價值交換」，也就是說，只有當我們的產品迎合併滿足了客戶需求，客戶才會對我們的產品產生購買欲望，從而促進我們銷售的成功。

與傳統行銷模式不同的是，NLP 突破性行銷雖然也是以銷售產品為目的，但更多的是注重和強調客戶需求，即「以客戶需求為導向」，透過建立關係、有效溝通、挖掘客戶需求、有效的產品說明、消除客戶抗拒等一系列銷售策略，最終為客戶提供一整套完整的解決方案，從而超越客戶期望，為客戶創造價值。本質而言，NLP 行銷模式其實是銷售者與客戶實現共贏的過程。

下面，我們可以透過兩個銷售場景來對比一下傳統銷售模式與 NLP 銷售模式的區別。

【案例 1】傳統銷售模式

小劉週末陪女朋友在商場裡閒逛，他們來到一家服飾店，女友看中了一套衣服，小劉一看標價，4,800 元，覺得太貴了，可是女友似乎對這套衣服志在必得，於是小劉只好跟店員殺價。

小劉：「這套衣服實在太貴了，能不能便宜點呢？」

店員 A：「不貴！這可是英國名牌，而且還是今年的最新款，您在其他店根本不可能以這樣的價格買到這套衣服。如果您誠心買的話，我可以給您打個 95 折！」

小劉：「95 折？那也沒優惠多少啊！給我打 7 折吧！」

店員 A：「不可能！哪有那麼便宜，我進貨都進不了。要是真的那麼便宜的話，你賣給我好了，有多少我要多少。」

小劉：「95 折太貴了。8 折怎麼樣，賣不賣？」……

【案例 2】NLP 銷售模式

小劉：「這套衣服實在太貴了，能不能便宜點呢？」

店員 B：「是的，這套衣服確實有點貴（NLP 銷售技巧：先跟後帶，與客戶站在同一立場），這是英國著名的時裝品牌，非常適合氣質高雅的女士穿。您女朋友這麼漂亮，穿上這套衣服一定非常好看，不妨讓您女朋友先試穿一下（NLP 銷售技巧：給顧客一個購買的身分，透過顧客體驗增強客戶的購買欲望）。」

小劉的女朋友穿上這套衣服。

店員 B：「您看，您女朋友穿上這套衣服後多漂亮啊！小姐，您有這麼好的男朋友真的太幸福了，好羨慕你啊！（NLP 銷售技巧：假設成交法，即假設顧客已決定購買，讓顧客不得不做出購買決策，從而有效提高客戶購買率）。」

透過對店員 A 和店員 B 稍加對比和分析，你認為誰更能促成最終的交易呢？答案是顯而易見的：店員 B。而店員 B 之所以能銷售成功，就在於她深諳 NLP 銷售理念。

所謂「NLP」，即神經語言程式學（Neuro — Linguistic Programming 的縮寫），具體來說：

N（Neuro）指的是神經系統，包括大腦和思維過程；

L（Linguistic）指的是語言，確切地說，是指感覺訊號的輸入到構成意思的過程；

P（Programming）是指為產生某種後果而要執行的一套具體指令，即指我們思維上及行為上的習慣，就如同電腦中的程式，可以透過更新軟體而改變。

因此，我們可以將 NLP 解釋為一門研究大腦如何運作的學問，是對人類主觀經驗的研究。更通俗地說，NLP 是一種思想的技巧，它是我們用語言來改變身心狀態的具體方法，如圖 1-1 所示。

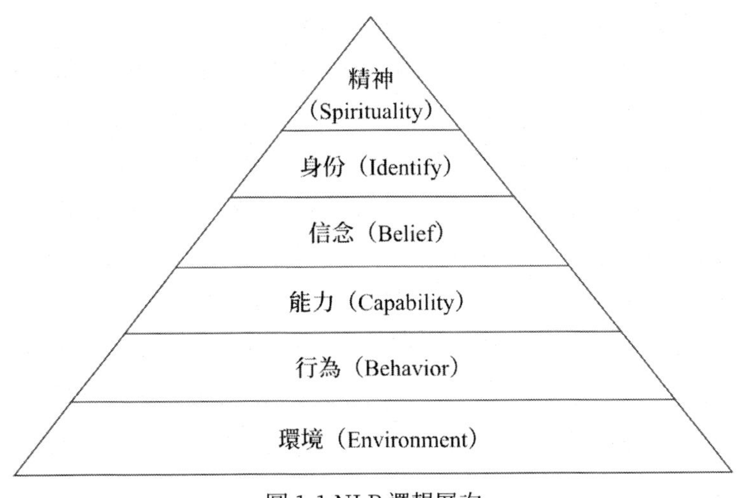

圖 1-1 NLP 邏輯層次

NLP 突破性行銷，就是將 NLP 理論與銷售實踐相結合的一門學問。根據 NLP 銷售理論，銷售人員不僅要掌握族群文化背景所決定的共同心理特點，而且還要迅速讀懂顧客的個性和心理特點，在與顧客進行有效溝通的過程中，研究顧客的思維模式、語言模式和行為模式，從而準確地感知到顧客的購買需求，最終採取有針對性的銷售策略，讓買賣雙方在愉悅的氛圍中順利成交，並實現共贏。而事實上，與顧客實現共贏，正是 NLP 銷售理念的宗旨所在。

通常在我們傳統的思維觀念裡，企業與客戶之間在利益問題上似乎存在著天然的矛盾，買賣雙方往往被看作此消彼長的關係。對於企業來說，倘若對顧客做出一定的妥協，就意味著自己的利益就會遭受損失。然而，客戶是企業生存和發展的基礎，失去了客戶，企業注定要無法生存。只有在公平和諧的商業環境下，我們才能將自己的產品銷售出去，與客戶實現共贏的合作。從短期利益來看，企業與客戶之間似乎是一種「此消彼長」的關係，但是就長遠利益而言，雙方實際上是一種唇齒相依、相互依賴的關係。

畢竟，只有當客戶認同了我們的產品，我們才能與客戶建立長期的合作。

因此，對於企業和銷售人員而言，我們就要在銷售的過程中樹立長遠眼光，善於打破傳統的銷售觀念，多站在客戶的角度上思考問題，這樣才能賣出更多的產品。

你的銷售目標是什麼？（一）

目標是一個人前進的方向，是通向成功之路的指路燈塔，在各行各業中都是如此，對於銷售產業從業人員更為重要。對於銷售人員來說，有了目標就有了成功的方向，只要保持堅定明確的目標，就一定能克服艱難險阻，最終走向成功；沒有目標的銷售人員，表現出來的是沒有強烈的成功欲望，無法對自己的業績進行評估，也無所謂吸取經驗教訓，就像沒有航標的輪船，只能隨波逐流，得過且過。

銷售人員若想取得成功，必須設定合理的目標，而目標的制定，也不是憑空想像而來，需要運用科學的步驟，一步一步完成。

1. 制定有效的目標：有效評估區分「想做的」與「能做的」

目標對一件事情的結果有著強大的推動作用，因而目標也可以看作是銷售人員對自身的要求。成功的銷售人員都有明確的目標，但是有目標的業務員卻不一定能夠取得不俗業績，說明目標的制定也是一個技術工作，透過下面的例子，我們來了解一下目標制定的第一個要素。

【銷售人員 PK 秀】

銷售人員小張

小張是一家企業培訓機構的電話銷售人員，透過電話向各種類型的企業推銷自己公司開設的課程。小張對這份工作投入了極大的熱情，並為自己設立了一個月內完成 10 筆交易的銷售目標。然而，事與願違，雖然小張每天都很努力地打電話推銷，但是得到的答覆都是無一例外的拒絕，小張的自信和熱情也隨著一次次的拒絕而逐漸喪失。一個月後，小張一筆交易也沒有實現。

銷售人員小劉

小劉與小張同在一家公司共事，並且做著同樣的工作，是該公司目前銷售業績最好的員工。小劉也制定了工作目標，即一個月內達成 5 筆交易，而且，小劉的目標更為細緻，他把一個月的目標詳細分解到每一天，把每天要打的電話數量也詳細地列出。更重要的，小劉對要推銷的課程了解得非常透澈，對於哪門課程能給什麼類型的企業帶來怎樣的幫助，都分析得一清二楚，這樣在具體的電話銷售過程中便更有針對性，容易獲得客戶的認同。

銷售人員中不乏小張這樣的例子，他們非常渴望成功，對工作投入了大量的熱情和努力，也制定了明確的銷售目標，但是他們設定的目標往往高於現實，看起來很美，實際上卻難以實現，最後不但沒造成應有的激勵作用，反倒令銷售人員喪失信心，有弊無利。小張的例子告訴我們，目標的制定一定要基於現實情況，只有可以實現的目標才是有效的目標，才能在銷售工作中造成應有的激勵、導向作用，促進銷售人員不斷進步，實現優秀的業績。

具體來說，銷售計畫的制定會受到哪些因素的影響，應該滿足哪些條件？

小劉的經驗無疑告訴了我們答案。

(1) 客觀而正確地認識自我

客觀而正確地認識自我是制定銷售目標的前提，因為目標的執行者是銷售人員本身，目標是否能夠實現基於銷售人員自身的性格因素和能力。很多人之所以達不到自己的目標，正是因為對自己的認識存在偏差，目標的制定不是基於自己的能力，而是單憑理想，這樣的目標當然不能夠實現，也就無法對實際的工作有推動作用。

(2) 了解企業以及產品的相關資訊

所謂知己知彼，百戰不殆，客觀而正確地認識自我，只是知己的一部分，對自己的企業及產品了解透澈，才完成了知己部分。只有對自己的企業和產品足夠了解，才能向客戶做出詳細的推介，客戶才可能產生購買的意向，試問，如果銷售人員自己對推銷的產品都不夠了解，客戶又怎麼可能從這樣的銷售人員手中購買產品？另外，只有對銷售的產品足夠了解，才能對目標客戶做出準確的定位，才能在具體的推銷過程中抓住對方的痛點，促進交易的達成，這就做到了知彼的部分。

(3) 了解相關領域內同產業競爭對手的資訊

在現代社會，每一個產業都存在著激烈的競爭，所以銷售人員在制定目標時，一定要考慮到競爭因素：自己公司所在的產業內有多少同行？每個同行的具體狀況如何？與他們相比，自己所在的公司在產業內有什麼優勢和劣勢？銷售人員對競爭對手的了解越多，制定的銷售目標就越客觀，越可能實現。

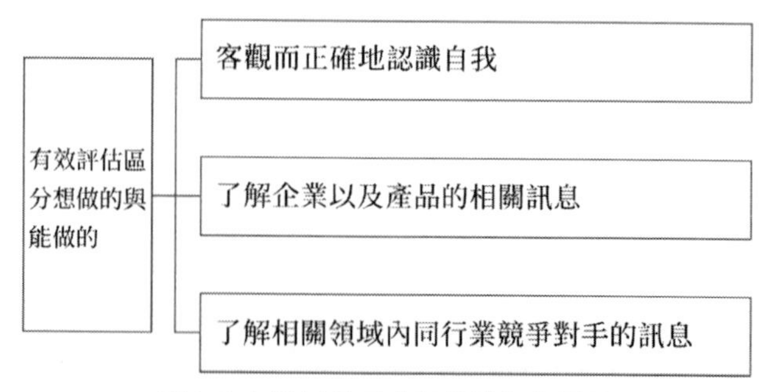

圖 1-2 有效評估區分想做的與能做的

總之，銷售人員在制定目標之前，要綜合考慮到影響目標實現的各種因素，包括自己的性格和能力、所在企業以及銷售產品的詳細訊息，以及產業內競爭對手的情況（如圖 1-2 所示），只有對這些情況有了全面的了解，對這些情況進行評估之後，才能制定出客觀的目標，而不是單純想達到的目標，這樣的目標才能有效推動銷售人員實現優秀的業績。

2. 讓目標符合現實：從客戶的需求規律制定目標

在實際的銷售工作中，即便制定了客觀的銷售目標，也不意味著這些目標可以得到有效的執行，這樣的情況一出現，很多時候就意味著目標脫離了現實。銷售是以客戶為中心的工作，這樣的工作性質決定了銷售目標的制定必須以實際情況為基礎，以客戶需求為中心，透過客戶的購買習慣掌握客戶的購買規律。

【銷售人員 PK 秀】

銷售人員小吳

小吳是一家餐廳的銷售經理。這家餐廳位於繁華的商圈中心，每天賓客盈門，生意非常好。看著每天人來人往的餐廳，小吳制定了早餐收入比上個月提高 20%的銷售目標，一個月之後，儘管小吳十分努力，這個目標卻沒有完成。在這個案例裡面，小吳犯了脫離實際情況的毛病，因為餐廳的消費族群是固定的，都是在附近上班的上班族，而這些人幾乎沒有早餐時間，所以提高早餐收入，光想想就難以實現。

銷售人員小陳

小陳是另一家餐廳的銷售經理，這家餐廳的經營情況與小吳那家幾乎一樣，都是賓客滿座，小陳也制定了增長20%的銷售目標，只不過是在午餐上，皇天不負有心人，月底一結算，小陳的目標順利實現。對比小吳和小陳，兩人面對的環境幾乎一模一樣，目標也幾乎一樣，區別只在於小陳把目標定在了午餐，而小吳寄希望於早餐，僅僅這一點的差別，就造成了截然不同的結果。

小陳之所以取得了成功，僅僅是因為小陳考慮到了消費族群的特點，他們沒有時間吃早餐，但是有充裕的時間享受一頓美好的午餐。

面對同樣的目標、同樣的客戶，出現截然不同的結果，這樣的情況在銷售產業比比皆是。該做的工作全部做完，但是客戶就是不願意購買，再完善的計畫都淪為一張廢紙，更不用想銷售目標的實現。很多銷售人員對此百思不得其解，想不出來哪裡出現了問題，其實，問題就在於，銷售人員沒有充分考慮到客戶的消費規律，而這一點對銷售目標的實現幾乎有決定性的作用。

客戶的消費規律，包括客戶需求的層次性規律、發展規律、對流規律和轉移規律，在現實中，這些規律並非一成不變，還會受到客戶因素的影響，比如客戶的購買特點、消費習慣等，都會影響到客戶需求的變化，這三方面的因素共同作用，最終影響到客戶購買規律的形成。在制定銷售目標時，銷售人員一定要將這些全都考慮進去，才能保證制定出來的目標切合實際，能夠實現。

(1) 掌握客戶的購買特點

由於職業背景、受教育程度、經濟收入、社會階層等各方面的差異，不同的客戶在真實的購買過程中會表現出不同的特點，而這並沒有統一的規律可循，銷售人員很難掌握具體的尺度。因而，銷售人員制定的目標也不能一概而論，需要按照不同的標準將客戶歸類，比如客戶規模、客戶所在的產業、客戶的職業、客戶分屬的社會階層等。將客戶歸類之後，銷售人員依據長期的工作經驗可以針對不同類型的客戶找出不同的規律，按照客戶的類型進行有區別的推銷。

(2) 了解客戶的消費習慣

不同的消費族群具有不同消費習慣，而不同的消費習慣決定了不同的消費心理，不同的消費心理又會形成不同的購買行為，比如年輕人與老年人的消費習慣不同，學生與上班族的購買行為有異。因此，在制定銷售目標時，銷售人員應該充分了解目標客戶的消費習慣，尤其是那些比較固定的消費客群，因為這類客群會對他們長期購買的產品、長期面對的銷售人員以及企業產生特殊的感情，久而久之就形成特定的習慣，銷售人員一旦能夠掌握這些習慣，就能夠對目標的制定擁有更多的針對性。

(3) 考慮到客戶的需求點

客戶的購買行為不會無緣無故地產生，只有銷售人員推銷的產品或服務能夠滿足客戶的某種需求，客戶才會選擇購買，所以在制定目標時，銷售人員要充分考慮到客戶的需求。比如客戶已經購買了茶杯，那麼他就不會再需要馬克杯；如果客戶已經擁有汽車，銷售人員就不應該再向其推銷腳踏車。只有對客戶進行深入的分析，才有可能掌握客戶的購買規律，遵循客戶的購買邏輯，才能掌握客戶的購買需求，在這樣的基礎之上制定出來的銷售目標，才更可能實現。

3. 小目標成就大業績：把目標分解到年、月、日

馬拉松比賽是一種長距離的跑步比賽，參賽者需要有頑強的毅力才能跑完全程，在 1984 年的東京國際馬拉松邀請賽以及 1986 年的義大利國際馬拉松邀請賽中，日本選手山田本一出人意料地兩次奪冠。名不見經傳的山田本一緣何能夠成功？其祕訣就在於他將漫長的跑道分解為一個又一個的小目標。在每次比賽之前，山田本一都會提前觀察比賽線路，並沿途找出比較醒目的標誌，將跑道全程分解為一段又一段的跑道，比賽開始後，山田本一就奮力地衝向第一個目標，完成第一個目標之後，他又以同樣的心態向第二個目標衝刺，直到跑完整個賽程。

這樣的方法在其他事情上也同樣適用。如果一個目標看起來很有難度，那麼就把它分解為多個小目標，從短期目標開始做起，逐漸完成長期目標。對待銷售目標也是一樣，可以把這個月的目標分解到每週、每天，將目標制定得盡量詳細，比如這周需要完成多少業績，分配到今天的目標是多少，實際完成了多少，對今天的完成情況進行詳細的評估，得出經驗教訓，努力將明天的目標完成得更好。如果每天的目標都完成得很好，那麼每週、每月的目標也就都能實現；如果在這些細小的部分出現問題，那麼長期目標也定然不能如願完成。

【銷售人員 PK 秀】

銷售：小飛

小飛在剛畢業那年就進入了某汽車銷售公司，成為一名業務員。

在剛進入公司的時候他對工作充滿了極大的熱情，並為自己制定了比較宏偉的職業發展目標：工作三個月之後當上銷售主管，一年後成為銷售經理，要根據主管和經理的標準來要求自己，不斷提升自己的業務量。

銷售：小維

小維也是小飛公司的一名汽車業務員，他每週都要花上差不多半天的時間來規劃這一週的工作計畫，在每次開展銷售業務之前他都要先用一個多小時的時間來做準備，沒有足夠的準備他絕對不會去接觸客戶，在他看來沒有做好準備工作就去做業務是一件不負責任的事情，不僅是對自己不負責，也是對客戶、對公司的不負責。許多業務員認為他這樣做浪費了很多時間，但事實上正因為有了充分的準備才讓他在連續幾個月內都保持著比較高的銷售業績。

有一次小維與同事在一起分享他的銷售經驗，小飛就向他請教道：「您作為汽車產業最頂尖的業務員，有什麼成功的祕訣嗎？」

「在做每一件事之前我都會為自己制定比較遠大的目標以及具有可行性的實施方案。」

「可行性的實施方案具體指什麼呢？」

小維回答道：「每年我都會為自己設定一個年度計畫和目標，然後將計畫進行拆分，細分到具體的每一週、每一天，比如說今年我為自己設定的目標是完成 3,840 萬元的業績，首先我會將這個目標劃分成 12 等分，每個月只要完成 320 萬的業績即可，再劃分到週就是每週只有 80 萬的銷售業績，這樣計畫實施起來會更有動力，工作起來也會比較輕鬆些。」

你的銷售目標是什麼？（二）

對銷售人員來說，在為自己設定銷售目標的時候應該用具體詳細、更具可行性的方案來說明，切忌盲目誇大、脫離實際。制定宏偉的目標適用於比較長遠的規劃和決策，而對於具體目標的實施來說，超級大的目標沒有具體實施的意義。具體可行性的目標應該是在一年內能夠實現的目標。

「說起來容易，做起來難」，在很多事情面前，人們比較容易做出各式各樣的決策，但在真正實施的過程中卻因為各式各樣的原因而使目標和決策難以進行下去。許多企業每年都會做出各式各樣的決議，但是真正實施和實現的並不多。那麼銷售人員在工作過程中應該如何設定自己的銷售目標呢？如圖 1-3 所示。

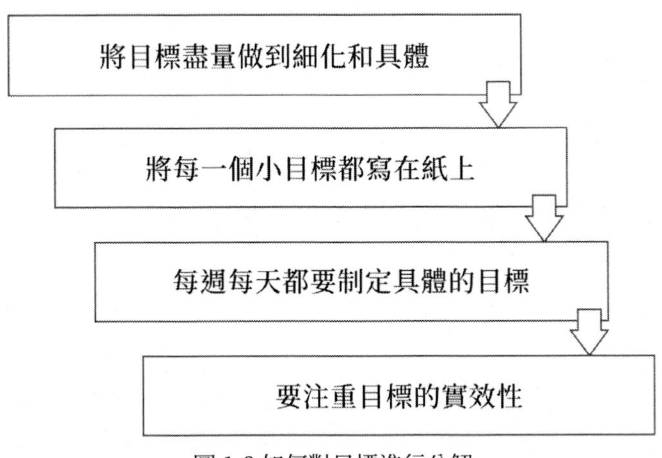

圖 1-3 如何對目標進行分解

(1) 將目標盡量做到細化和具體

雖然很多人懂得為自己設定目標，然而在實施的過程中卻經常遇到無從下手的情況，原因在於制定的目標不夠具體和詳細。制定的目標越詳細，實現的可能性也就會越大。如果你的目標是要賺 100 萬元，千萬不要整天光去想這個目標，而是要對這個目標的實現做一些詳細的規劃，比如你計劃在一年內實現這個目標，那麼你就要知道，每個月需要賺多少，每週需要賺多少，甚至於每天賺多少。這樣你才能確定明天應該怎樣做才能實現這個目標，最終實現這一年的目標。否則的話，很有可能在實現目標的過程中就半途而廢。

(2) 將每一個小目標都寫在紙上

當你設定的目標離你越遠，在實現的過程中動力也會越小，同樣，如果你設定的目標看不見、摸不到，實施起來的困難性也會越大。因此當銷售人員在制定自己的銷售目標的時候可以將每一個具體的目標都詳細地記錄下來，並放在自己能注意到的地方，時時刻刻要提醒自己為實現目標而努力奮鬥。

(3) 每週每天都要制定具體的目標

研究顯示，1 ～ 3 天制定的目標是最容易實現的目標，如果將大目標的實現過程比作馬拉松的話，那麼這一個個小小的目標就好比是其路段上的一個個鮮明的標誌，這一個小小的目標會時刻鼓勵你不斷地奮勇向前，激勵你永不放棄。每當實現一個小目標還會為你帶來小小的成就感，讓你在實現目標的過程中有更多熱情。

一個成功且智慧的銷售人員在制定目標的時候首先會制定一個比較長遠的目標，確定具體的前進方向，然後銷售人員會根據每個階段的具體工作將這些目標逐漸細化，分成中期目標、短期目標等，直至具體到每一天的計畫中。每一個小目標都是長遠目標實現的一部分，如果小目標是獨立於長遠目標而存在的，那麼它對於長遠目標的實現將沒有任何意義。在長遠目標的實現過程中也不能忽視短期內目標的實現，只有將構成長遠目標的小目標如期完成，才有可能促進最終目標的實現。

(4) 要注重目標的實效性

銷售人員在開始跑業務之前都要制定各式各樣的銷售目標，比如說年度目標、季度目標、月度目標、週目標、日目標等。但是如果在制定目標的過程中只關注目標本身而不考慮實現的可能性，那麼這個目標就沒有任何實踐意義。制定目標的時候要確定這個目標可以達到什麼樣的效果，如果無法達到預期效果，就不能稱為是真正的目標。

目標的制定只是實現目標的一個起點，只有真正能達到最終的效果才是目標的最終歸宿。因而對銷售人員來說，他們將最終效果當做目標是否實現的標準。那麼這個效果是指什麼呢？在銷售領域裡即「成交量」，就是銷售人員最終完成的交易量，確保實現業績目標。

【銷售人員 PK 秀】

銷售：小凡

小凡是剛剛加入銷售產業的一名新手，不論是知識層面、語言表達能力還是個人素養方面都非常突出，每天拜訪客戶的次數也很多，但卻總出不了業績。

剛開始的時候他認為自己是運氣不好，或許過一段時間就好了，但是幾個月過去了，好多跟他一起進公司的同事都有了業績，而他仍然沒有訂單。

在這種情況下，他沒有去找找具體的原因，而是仍然每天去拜訪客戶。他曾經聽人家說過，在銷售產業裡拜訪量越高，業績才會越好，因此他一心地提高拜訪量，反而脫離了銷售的本質，沒有獲得任何回報，最終不得不離開這一行。

銷售：小毅

小毅是與小凡同期進入公司的銷售人員，剛開始也是沒有什麼業績，但是他主動向主管請教原因，後來在主管的幫助下，他先從客戶資料入手，開始尋找沒有訂單的原因。後來發現，雖然他每天都會按照公司要求去拜訪客戶，但是每天拜訪的客戶幾乎都是新客戶，拜訪過的客戶不管有沒有意向都沒有進行過回訪。因而在弄清了這點後，主管告訴他不管這個客戶有沒有表現出意向都應該進行追蹤拜訪，並及時回訪，對於有意向的客戶要進行深入挖掘。任何一個客戶都不可能透過一次的拜訪和遊說就能成功的，需要持續不間斷地進行。

銷售人員普遍認為，拜訪量越高，成交量自然就會越高，這是一種比較片面的認知。成交量以拜訪量為基礎這種說法並沒有錯，但是這並不代表成交量和拜訪量是呈正比的，也就是說如果銷售人員沒有較高的能力和素養，沒有採取正確的拜訪方式，那麼就算拜訪量再多，也不能轉化成成交量。

認為拜訪量越多、成交量就越高的銷售人員會在銷售的過程中陷入一種惡性循環，他們往往工作非常努力，每天都堅持不懈地去拜訪客戶，但是卻幾乎沒有將拜訪量轉化成成交量的。這樣即便他們很努力、很辛苦，最終也不會產生業績。

這樣的情況在銷售產業是很常見的，很多銷售人員會為自己完成銷售目標制定一個很漂亮的規劃，但是卻很少對規劃進行深入的分析，比如一個月內要蒐集多少客戶資料，拜訪多少客戶，這些最終能不能變成實實在在的業績就不得而知了。這也是有些業務員在月初向老闆許下美好的承諾，但是在月末卻讓老闆落空的主要原因了。

很多銷售人員在制定銷售目標的時候沒有考慮目標的實效性和可行性，使得很多銷售計畫最終都落了空。那麼應該怎樣制定一份有意義的銷售計畫才能不至於使目標落空呢？

(1) 了解自身具備的優勢資源

制定銷售目標的時候，銷售人員應該要考慮自身具備的優勢資源和目前所處的環境狀況，並將其運用到銷售工作中。銷售人員考慮所處的環境狀況以及自身資源情況可以從10個方面來進行闡述，如表1-1所示。

表1-1 銷售人員所處的環境與擁有的資源

環境狀況	市場環境：當地市場消費者的特性、消費水準的高低以及未來的變化發展趨勢
	行業環境：本產業在當地的發展情況、發展水準以及發展趨勢
	競爭對手：當地競爭對手的發展情況
	客戶狀況：上下游客戶的狀況
資源優勢	人力資源：公司員工的素養和能力
	通路資源：公司產品的銷售通路和宣傳投入
	客戶資源：公司擁有的客戶資源和未來對客戶的開發潛力
	可用現金流：公司的實力以及對產品的研發能力
	管理和銷售經驗：管理人員的素養和累積的銷售經驗
	品牌資源：品牌在行業中的影響力和在同類產品中的地位

這就好比是打仗一樣，在上戰場之前將士首先應該弄清楚自己戰場環境以及自己擁有的武器、裝備情況。銷售人員必須要對自己當前所處的環境因素和資源因素有一個清晰的認識，並逐一進行分類，對其進行有效的利用。

(2) 從多方面獲取資源，為銷售的開展提供補給

就像打仗需要充足的補給一樣，銷售也需要有各種資源條件，不僅需要資金、人力、通路和市場，更需要專業的技術和有效的訊息等。因而銷售人員在銷售的過程中應該重視對這些資源條件的累積。既可以透過各種學習和培訓提高自身能力，也可以與同事共享資源，還可以尋求客戶的幫助等。

總之一定要竭盡所能地尋找資源補給的方法，確保銷售活動的順利進行。

(3) 制定良好的銷售策略

從制定目標到最終實現目標，中間必然會經歷一些坎坷，在這一過程中每一步都需要運用很多的技巧。將每一件小事情做好才能成就大事，而要將每一件小事做好就需要必要的策略，應該將以後的每一步都做好詳細的設計。

(4) 要準備一些應急方案

市場本來就是瞬息萬變的，客戶的需求也會跟著市場走，在推銷的過程中，可能會有各種意想不到的事情發生。因而銷售人員在制定具體的銷售目標的時候，還應該將一些可能會發生的意外情況考慮在內，將一些可能會發生的意外變故具體列出來，並制定相應的應對方案，以免意外來臨時措手不及。

透過信念，提升自信心

好的業績來自於積極的心態，而積極的心態又源於信心。對銷售人員而言，先對自己充滿信心，才能進一步對自己所銷售的產品以及自己的公司充滿信心，才會擁有更多的勇氣、更好的態度去積極爭取、執著奮鬥，進而在銷售工作中充滿熱情與動力，勇往直前。這一切，都是信心的力量。

因此，銷售人員應該努力克服自信心不足的心理弱點，在增強自身的心理素養的同時，以更積極的心態、更強大的動力去面對客戶、對待工作，在事業上取得更好的成績。

在與客戶會談時，你的言談舉止如果能夠充分展現出自信的特質，那麼就更容易取得客戶的信任。而信任，則是你引導客戶購買的最關鍵一步。一位銷售人員之所以會失敗，往往是因為他先對自己失去了信心，對自己的產品失去了信心，認為沒有人會願意購買自己的商品。銷售人員與運動員一樣，也應毫不氣餒地工作，一個人的思想對自己的行動有很大影響。無論如何，不要先否定自己，對自己失去信心，因為一次、兩次，甚至是無數次的失敗都是正常的，都在情理之中，所以沒有必要失望，更沒有必要否定自己。

自信還能為你銷售的產品增色不少。對於客戶而言，甚至你的自信比商品還要重要很多。面對客戶的拒絕和失敗的局面時，自信的銷售人員不會憤怒，也不會沮喪，而是面帶微笑地說：「沒關係，希望下次再見。」

在失敗面前他們會客觀地反省自己的銷售過程，以便找到失敗的原因，從而為下次的成功累積經驗，並尋找機會。

由此可見，自信是銷售人員必備的基本素養之一。而客戶，也更喜歡與那些充滿自信與熱情的人打交道。他們不喜歡與毫無自信的銷售人員交手，因為沒有人願意和那些對自己以及自己的產品都缺乏自信的人洽談生意或者購買商品。

說起世界上最著名的銷售人員，喬·吉拉德（Joseph Gerard）絕對算得上是其中一位。然而，他的人生也不是一帆風順的，也曾經遭受過毀滅性的挫折和打擊，最終正是因為自信的力量讓他擁有了挑戰新的工作和堅持下去的勇氣，並且最終取得了巨大的成功。

在人生的低潮時，他的事業在一夜之間垮台，他變得一無所有的同時，還負債達 6 萬美元之多。法院沒收了他的家當，銀行也要收走他的車子，甚至，他的家裡連一點吃的都沒有了。在那時，能夠吃飽肚子幾乎成了他全部的心願。

在這樣的境遇裡，有一個朋友介紹他去一家汽車銷售公司做業務，當時的業務經理哈雷先生還很不願意聘用他。

在面試時，哈雷先生問道：「你有過銷售汽車的經驗嗎？」

「還沒有，先生。」

「那麼，你為什麼會覺得自己能夠勝任這份工作？」

「我以前推銷過其他東西，像鞋油、食品之類的，我知道在銷售中人們真正購買的是我，我向他們推銷自己，哈雷先生。」

雖然喬·吉拉德當時已經 35 歲了，被人們認為已經過了成為一個優秀銷售人員的年紀，但是，他對自己充滿信心，並且將這種信心化為了一種勢不可擋的勇氣，他相信自己一定會取得最後的成功。

可是，哈雷依然猶豫地說：「現在正是汽車銷售的淡季，如果我在這個時候讓你來公司工作，其他業務員肯定會對這件事情不滿的。」

「哈雷先生，如果你不僱用我，我敢肯定，這將會是你人生中犯下的最大錯誤。」

「可是，現在是冬季，我這裡也已經沒有足夠的辦公桌給你用了。」

喬．吉拉德信心十足地說道：「我可以不要辦公桌，我只需要一張桌子和一部電話，兩個月內我將打敗你這裡最好的銷售人員。」

最終，哈雷先生終於在一個角落裡幫喬．吉拉德安排了一張桌子和一部電話，喬．吉拉德就這樣開始了自己新的事業，那也是他爬向人生高峰的開始。

當然，剛開始的第一次推銷是非常艱難而辛苦的。而走過了第一次之後，喬．吉拉德便悟出了一個道理：「信心產生更大的信心。」

而那時他所擁有的，僅僅是一本電話簿與一張落滿了厚厚灰塵的桌子。

經過一番努力和打拚，兩個月內，他真的實現了曾經的諾言，成為公司所有銷售人員中業績最好的，不但償還了自己 6 萬美元的負債，也為自己贏回了自尊。

就像他說的那樣，信心令他產生更多的信心，這句話帶給了他無限的力量。之後的一年內，他成功銷售出 1,425 輛汽車，成為世界上最偉大的汽車業務員之一。

據喬．吉拉德回憶，他小的時候父親和母親這兩個角色總是在向他傳達著兩種截然不同的思想。他的父親總說：「你永遠不會有出息，你只能是個失敗者，你一點也不優秀。」而母親卻相反，她總是在傳達一種積極的思想：

「你要對自己有信心，你絕對會成功的，只要你想成為什麼，你就能做到。」

在他的人生中，妻子朱麗姬（June Krantz）所帶給他的也是積極正面的能量。即便是在他最困難、窘迫的情況下，妻子也從未對他失去信心，也從不抱怨，而是安慰他說：「吉拉德，我們結婚時空無一物，不久就擁有了一切。現在我們又一無所有，那時我對你有信心，現在還是一樣，我深信你會再成功的。」

這位偉大的妻子卻於 1979 年年初因病早逝了，這曾讓喬 · 吉拉德悲痛欲絕。然而，也正是因為妻子的信任和鼓勵，讓他明白了一個重要的道理：建立自己信心的最佳途徑之一，就是從別人那裡接收過來。

從父親那裡獲得的消極力量和從母親、妻子那裡感受到的積極正面的力量，前者讓他害怕，而後者則帶給他信心。事實上，在每個人的一生中，都會或多或少地受到這兩種力量的拉扯與影響。對喬 · 吉拉德而言，他找出了幾種讓自己增強信心，同時消除害怕、怯懦思想的方法，並且一生踐行：

「相信自己 —— 告訴自己『我能行』，把這句話寫在你浴室的鏡子上，每天大聲喊上幾遍，讓它們浸入你的心靈。」

「結交樂觀、自信的人 —— 這樣的人能帶給你積極向上的奮鬥動力，無論任何時候你都不要畏懼失敗。」

「堅定信心 —— 信心會讓你產生更大更強的信心，這種力量能促使你走向成功。」

「主宰自己 —— 汽車大王亨利 · 福特（Henry Ford）曾說過，所有對自己有信心的人，他們的勇氣來自面對自己的恐懼，而非逃避。你也必須學會這樣，坦誠面對你的自我挑戰，主宰你自己。」

「勤奮工作 —— 無論你從事什麼工作，要想有所作為，只有踏實勤奮才能向成功靠攏。」

作為一個銷售人員，喬·吉拉德的故事相信能夠給予你或多或少的啟示。

若想受到客戶的歡迎，首先你要對自己有絕對的信心，這一點可以說至關重要。信心能夠讓我們產生莫大的勇氣與動力，而對自己毫無自信的人又如何去期待別人的信任呢？

自信是積極向上的產物，同時也會給我們帶來積極向上的能量。除了借鑑喬·吉拉德的保持自信的方法之外，我們還可以從以下 3 個方面展現自信。

(1) 衣著整潔，周到有禮

良好的外貌和精神狀態會讓你的客戶對你產生好感，而自信也可以透過整潔的衣著，以及親切有禮、不卑不亢的態度傳達出來。

(2) 不害怕客戶的無禮拒絕，被拒絕時反而要更加堅定信心

很多時候，銷售人員在熱情地敲門或者推銷產品時，總是會受到客戶的冷眼相對，甚至無理羞辱。這時候，客觀、冷靜、沉著的態度才能展現你的自信，所以一定要沉得住氣，不要因為對方的言行而流露出不滿、受傷或者憤怒的姿態。

要知道，在與客戶接觸的過程中，客戶可能並不在意自身的言行是否得體，但是他一定會注意你的言行是否值得尊重與信任。一旦讓對方發覺你信心不足、心理承受能力低弱，甚至在受到刺激時醜態百出，必定會對你充滿戒備和厭惡，更別提什麼好感了。

(3) 要對自信善加掌握

自信是銷售人員必須具備的一種心態和氣質，同時也是能夠幫助銷售人員增加銷售額的一個妙計。但是，在自信的同時，也要注意分寸，既不可顯得驕傲、難以親近，也不應該顯得過分弱勢，甚至怯懦。

自信能夠讓銷售人員的工作變成一種享受，而不是一種負擔。毫無自信的銷售人員會將銷售工作視為一種到處求人、沒有自尊的低賤工作；而自信的銷售人員卻能將推銷變成愉快的生活本身，同時，會越來越欣賞和喜歡這樣的自己。

第二部分

深入客戶心理，有效行動

喚醒潛在的沉睡客戶

購買動機是消費者消費行為的心理起點，在消費者的消費過程中還伴隨著複雜的購買決策過程。行銷者只有深刻地洞察消費者的購買動機，掌握消費者購買決策過程，才能了解消費者做出各種決定的來龍去脈，並因勢利導喚醒沉睡的客戶。

1. 購買動機的基本模式

在現實生活中，每個消費者的需要都會轉化為購買動機，進而引發相應的購買行為。行銷學權威科特勒（Philip Kotler）將人的需要進一步劃分為需求、欲求和需要三個層次。需求是指人類生活中的最基本的要求，欲求指的是人們對能夠滿足深層次需求的物品的渴求，需要是指對有支付能力和購買意願的物品的欲求。

購買動機是指為了滿足某種需要而引起人們購買行為的主觀意願，是引發購買活動的內在驅動力，因此，需要是消費者做出購買決定的原動力，也是購買動機存在的基礎。但並非所有的需要都會表現為購買動機，對消費活動而言，只有那些佔有主導地位的、高強度的消費需要才能引發購買動機，促成最終的購買活動。因此深入地研究消費者的購買動機，能夠幫助行銷者更直接有效地激發消費者的購買行動，如圖 2-1 所示。

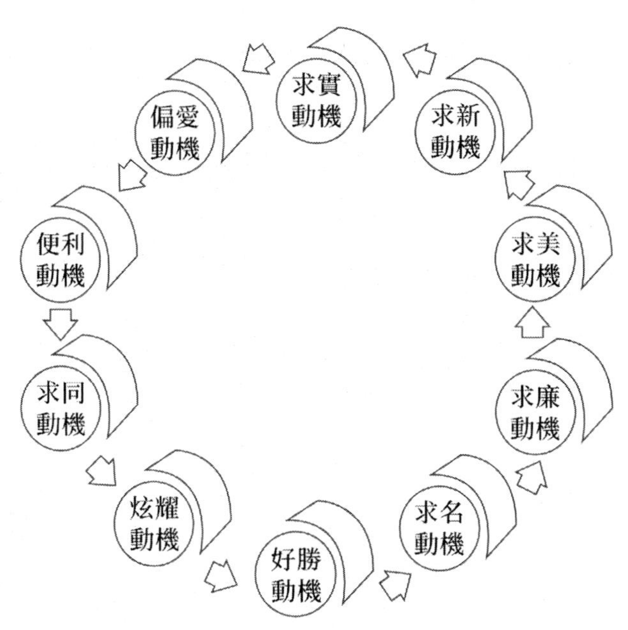

圖 2-1 消費者購買動機的 10 大類型

2. 購買動機的主要類型

(1) 求實動機

這是一種以追求商品或勞務的實用價值為主要特徵的購買動機。消費者在購買商品或勞務時講求實際效用、經久耐用、經濟實惠，而不太重視商品的品牌商標、外觀造型等非實用屬性。在購買時大都會精挑細選，受廣告宣傳的影響較小。一般而言，消費者的求實動機主要表現在購買生活日用品和其他基本生活習慣的過程中，而在購買享受用品和上等消費品時，求實動機不太明顯。此外，求實動機的強度與消費者的收入水準和消費觀念也有很大關係。

(2) 求新動機

這是一種以追求商品的新奇和時尚為主要特徵的購買動機。消費者在消費過程中十分看重商品的外觀造型、款式花色和包裝設計等，追求新穎、奇特、時髦和與眾不同，購買行為主要受廣告宣傳和時尚潮流的影響。

具有求新動機的大都是思想觀念更新較快的年輕人，他們喜歡接受新的思想觀念，追求時尚的生活方式。

(3) 求美動機

這是一種以追求商品的審美價值和藝術品味為主要特徵的購買動機。消費者在消費過程中特別看重商品對環境的裝飾效果、對個人形象氣質的提升作用和陶冶情操的作用，並不過分看重商品的實用性。購買時受商品的款式造型、色彩紋飾、設計風格和藝術欣賞價值的影響較大，追求商品帶來的審美享受，這類消費者一般都具有較高的文化素養和生活品味。隨著經濟的發展，人們的收入水準越來越高，休閒時間也越來越多，人們消費中的求美動機也越來越強烈。

(4) 求廉動機

這種購買動機的主要特徵是傾向於低價位的商品，希望花更少的錢獲得更多的實惠。這類消費者往往價格敏感度很高，在消費過程中受特價、折扣、贈品等促銷訊息的影響較大，不太注重商品的品牌和外觀設計等。

通常來講，具有這種購買動機的消費者以低收入者和經濟負擔較重的人為主，有時高收入的人也會由於商品認知和價值觀的原因表現出求廉動機。

(5) 求名動機

這種購買動機的主要特徵是追求名牌商品或是某種具有名望的消費方式。消費者特別重視商品的品牌、消費場所等，產品的品牌知名度和廣告宣傳對消費者的影響處於主導地位。通常來講，具有這種購買動機的消費者以年輕人和高收入者為主。

(6) 好勝動機

這是一種由爭強好勝的比較心理驅動的購買動機。消費者購買商品並不注重商品的實用價值而是為了追求優越感。對符合流行時尚的上等產品興趣濃厚，在購買過程中主要受他人購買行為和廣告宣傳的影響。

(7) 炫耀動機

這是一種力圖顯示自己的社會地位、財富資本和高貴品味的購買動機。

消費者消費過程中，並不注重產品和服務的性價比，而是看重消費行為的社會象徵意義，力圖透過購買或消費行為塑造有身分地位、權威或高貴的個人形象。

(8) 求同動機

這是一種追求大眾認同的購買動機。消費者在購買商品時表現出較強的從眾心理，主動選擇大眾化的主流商品。購買環境、大眾評價和親友推薦對購買行為的影響較大。

(9) 便利動機

這是一種追求購買、使用和維護的便捷性的購買動機。日用消費品的商品價值不高但購買使用的頻率較高，人們在購買時並不會認真挑選，主要追求購買的便捷性。

⑩ 偏愛動機

這是一種以某個品牌的某種商品為主的購買動機。消費者在使用某個品牌的某種商品的過程中累積了信任和感情，形成了對這種品牌商品的偏愛，經常會指名購買。企業可以透過提升產品和服務品質，打造良好的產品和品牌形象來建立和培養消費者的偏愛動機。

3. 誘導客戶做出購買決定的策略

消費者的現實購買行為往往是由多種購買動機共同驅動完成的，市場行銷者需要根據自己所行銷的產品類型和特點、市場定位和目標市場細分情況，分析消費者在購買自己產品過程中的動機組合，掌握好影響購買行為的主要動機，圍繞著影響消費者購買的環境因素進行誘導，進而促進現實的購買行為，如圖 2-2 所示。

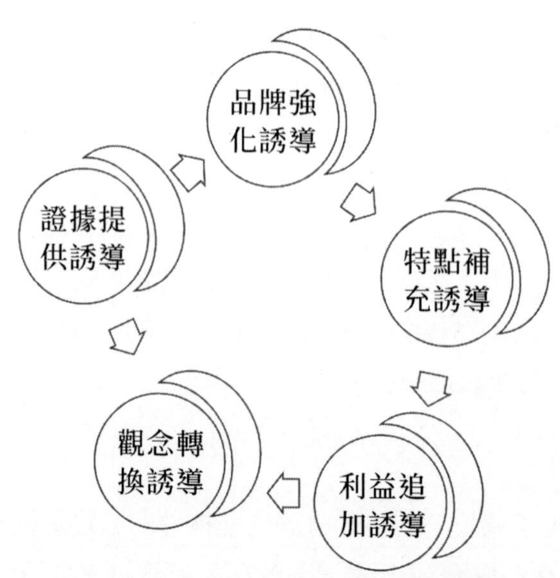

圖 2-2 誘導客戶做出購買決定的 5 種策略

(1) 品牌強化誘導

消費者已經做出了購買某種物品的決定，並在賣場中對多個品牌進行詢問對比，但對於具體選擇哪個品牌的產品始終猶豫不決。此時，銷售人員應該運用品牌強化誘導方式，重點推薦一個品牌，詳細介紹這一品牌的優勢和其他消費者對這個品牌的評價，就更容易幫助消費者作出最終的購買決定。如果對多個品牌進行逐一介紹，則不利於促進消費者購買。

(2) 特點補充誘導

當消費者對選擇某一品牌已有一定的傾向性，但是一時之間還是難以判斷產品的優缺點，此時，銷售人員應該採用特點補充誘導方式，對消費者注重的屬性之外的其他效能特點進行補充說明，結合不同的品牌間的對比分析，幫助消費者做出判斷，比如消費者在購買冰箱時，較為注重容量大小、噪音效能和外觀設計，但對這些因素進行比較分析後還是無法做出判斷，這時可以向消費者介紹某品牌的冰箱低耗能的特點，促進其購買。

(3) 利益追加誘導

消費者對產品帶給他的利益往往只存在有限的感性認識，所以對商品的評價大多具有很大的侷限性，此時可以運用利益追加誘導方式，讓消費者對某一品牌、某一品種商品有更充分的認識和更高的感知價值，使之最終做出購買決定。

(4) 觀念轉換誘導

如果某一品牌的商品在消費者較為注重的屬性方面表現還不夠突出，缺乏優勢，消費者對這一品這牌的印象就會比較低。這時可以運用觀念轉換誘導方式，透過心理再定位的方法，幫助消費者對商品建立新的觀念，改變消費者對商品屬性重要性的排序，引導消費者更加看重這一品牌產品的優勢屬性。

(5) 證據提供誘導

有時消費者已經確定了對某一品牌某種產品的購買意向，但還是擔心做出購買決定後會出現不確定的風險而猶豫不決。這時必須運用證據提供誘導方式，向消費者提供一些購買案例，告訴消費者購買這種商品的都是哪些人、有多少人，從而強化消費者的從眾購買動機，打消消費者的顧慮，促使消費者購買。

消費者的購買動機就是行銷者的機遇，銷售人員需要掌握好時機，靈活地運用誘導的各種方式、方法才能更好地把握機遇，喚醒沉睡的客戶，成功地誘導消費者完成購買活動。

找尋客戶拒絕的背後原因

幾乎所有銷售人員都曾經遇到過被客戶拒絕的情形，並且為之尷尬不已。

有時候，不管我們如何費盡唇舌地介紹與勸說，客戶都擺出一副「我就是不需要」的樣子，一點餘地都不留，讓人既無奈又不甘心。一些銷售人員甚至因此而產生了一些心理障礙，在銷售過程中出現種種失誤，甚至對工作失去了熱情，以至於延誤甚至破壞交易的達成。這時候，我們需要的只是一點堅持，以及對自己的一點信心，絕不能被顧客的拒絕所嚇倒，要盡量解除客戶的購買抗拒，否則只會離成功越來越遠。

對於年輕的銷售人員而言，在自己的銷售請求遭到拒絕的時候，會產生很大的心理壓力。甚至，有些人會感到萬分沮喪，陷入懊惱與惋惜中無法自拔。這樣的情緒對於我們的工作沒有任何推進作用，反而會嚴重挫傷自信心和積極性。其實，這完全沒有必要，要知道客戶對你說「不」是一個十分正常的現象，而成功就都是從失敗開始的，沒有拒絕又哪來接受？

成功是從被拒絕開始的，但並不是所有的拒絕都是成功的開始。如果我們在遭到拒絕之後，僅僅從心理上告訴自己「被客戶拒絕也沒什麼，這很正常」，那只是沒有實際意義的畫餅充饑罷了，最終只能麻木地等待或者心灰意冷地轉向其他客戶。在遭到客戶拒絕後能夠忍耐並堅持下去的銷售人員，才有可能取得進一步的成功；只有那些有所準備的銷售人員，才會得到機會的青睞。我們要把每一次拒絕都當做成功的開始，並從中吸取經驗教訓，在思想上積極分析原因，在行動上針對不同的拒絕理由運用相應的解決方案加以應對，從而轉敗為勝。

1. 解除客戶的購買抗拒，首先要積極探尋客戶拒絕的原因

當客戶對你說「不」時，可能是因為對方還沒有從心底接受眼前的銷售人員。無論是什麼樣的顧客都只有在認可了銷售人員之後，才會去考慮購買產品或服務。如果銷售人員能夠獲得客戶的好感，就會發現你賣什麼他就會需要什麼。

也或者，他們是不太信任你的產品或者服務，面對市場上同類型的產品挑花了眼；或者他們根本沒有購買需求，根本不需要你的產品；又或者是我們產品或者服務的價格超出了他們的預算，對方暫時沒有購買能力；甚至，「沒有時間」，也會成為顧客拒絕的理由。只有對顧客提出拒絕的原因及時進行冷靜、耐心的分析，才能有針對性地採取相應的措施加以應對。再不濟，至少我們還能獲得一些經驗，有助於以後的推銷工作。

事實上，顧客做出「拒絕」姿態的原因有很多，包括購物習慣差異、排斥銷售人員推薦、不滿意服務效果等。只要知道了客戶拒絕的理由，我們就可能找到解決問題的辦法。這類顧客通常都有某種心理上的障礙，作為銷售人員需要做的就是想辦法協助他們克服這種障礙，從而解除客戶的購買抗拒。只要能夠掌握住顧客的需求，並努力去尋求解決，相信一切都會有所轉機。但是，切記不能對顧客死纏爛打，否則只會讓他們逃得更快。

即使在經過多方努力也不能得到客戶認可的時候，也要用積極、熱情的態度給顧客留下良好而深刻的印象，為以後實現成交奠定良好基礎。有句古話叫：「買賣不成仁義在。」即使這次溝通失敗了，我們也要保持一定的禮儀和風度，不要輕易流露出內心的沮喪，更不能在言行舉止中表現出無禮、狹隘的一面。沒有人會同情你垂頭喪氣的樣子，但是若能以開朗自若的表情和和藹可親的笑臉應對，再加上幾句得體的話語，無形之間就會拉高自己的形象，為顧客留下深刻的印象。

另外，一定要注意，爭論和辯解決不是解除客戶購買拒絕的好方法。不管顧客在拒絕的時候提出怎樣的意見，我們都不能與顧客發生爭執，最好是利用老顧客的見證或某些顧客的口碑來解除顧客的抗拒。

無論在任何情況下，都不要在顧客面前惡意批評我們的競爭對手。如果不知道對手產品的情況，我們完全可以避而不談；如果對別家產品有很詳細的了解，我們可以客觀地將兩者之間的差異或優缺點進行比較，從而趁機強調自己產品的優勢。

布朗是紐約懷特汽車公司的一位著名的業務員，然而在最初做業務的時候，他可不是好脾氣的業務員，甚至可以說非常糟糕。因為脾氣暴躁，每當別人拒絕購買他的商品時，他就會情緒激動，與人爭論，甚至在銷售時也無法避免與客戶發生爭吵。

比如，每當有人跟他說他賣的車有哪些問題或缺陷時，他就會跳起來與別人爭辯，試圖說服對方「你拒絕的理由是不成立的」。他在離開別人辦公室時，經常會說的一句話是「我一定要讓那些不欣賞、不認同我的傢伙知道我的厲害。」他確實讓別人知道了他吵架的厲害，可惜不會有任何人會購買他的任何產品。

後來，在朋友的幫助和引導下，布朗認知到了自己的缺陷，並且開始有意地訓練自己，讓自己遇到別人的拒絕時不會再情緒失控，而是冷靜地分析和處理客戶的拒絕。讓人意想不到的是，他的訓練也取得了很好的效果。

在之後的銷售活動中，無論是客戶的拒絕，還是別人的有意挑釁，都不會再激起布朗的激動反應，取而代之的是平和的心態，以及對原因的深層探究。

如果再有人對他說：「你賣的懷特汽車就算是送給我，我也不想要。要買的話，我也打算買胡佛公司的車。」他就會馬上說道：「胡佛公司的確是大公司，產品很好，工作人員也很出色。如果您買它的車，也是不錯的。」這樣，這位顧客也就無話可說了，甚至會因為自己的想法得到認同而暗暗得意。

而當布朗說出了贊同的話之後，這位客戶不可能再一直重複說「胡佛車確實是最好的」，這樣一來，他們就會跳出胡佛汽車的話題，在布朗先生的引導下開始談論懷特汽車的特點了。就這樣，布朗在有意的訓練和培養下，一步步走出了困境，成為了一位著名的汽車業務員。

我們可以想像一下，如果布朗還是像以前一樣在被拒絕之後，急於去痛斥胡佛車的缺點，對自己的產品進行辯解，那麼就會無可避免地引起客戶的反感，客戶只會對他越來越抗拒，自然也不可能去購買他的車。

2. 被拒絕，只是解除客戶的購買抗拒的開始

其實從某種程度上來說，顧客的拒絕可以幫助我們知道自己或者產品存在哪些不足，幫助我們快速成長。我們可以被拒絕，但是絕對不能向自己內心的懦弱屈服，更不能因此一蹶不振。

其實，當顧客拒絕你時，並不是最可怕的，真正可怕的是顧客把你一個人晾在一邊，不提出任何意見和看法。有經驗的銷售人員會把遇到顧客拒絕視為家常便飯，並且從中吸取經驗和教訓，幫助自己成長。對顧客的頻頻拒絕感到沮喪和不滿是沒有任何益處的，若能在遭到拒絕時積極回應顧客對銷售人員或者產品提出的意見，對我們來說未嘗不是一件好事。

而且，不論顧客以什麼樣的理由來拒絕你，你都可以從這些理由中或多或少地獲得一些相應的訊息，這樣一來成交的機會也就大一點。我們應該歡迎潛在顧客對自己的頻頻刁難，並在他們開口說話的時候想辦法找到成交的機會。就像一位優秀銷售人員說的那樣：「被顧客拒絕不是壞事，這只表明顧客關心這件事，也在專心聽我講。顧客的拒絕反而會讓我獲得進一步談下去的機會，而且，我也可以從中蒐集出更多資料。」

銷售人員心態如何決定著工作的發展方向，尤其在面對拒絕之時我們更要積極樂觀地對待，在精神上增強自己的抗壓能力。請告訴你自己：被拒絕沒什麼大不了。只有學會寬慰自己，下一步才能更好地工作。而且，我們要有堅持下去的毅力，保持一種「鐵杵磨成針」的精神，即使被無數次拒絕了，也要鼓起勇氣繼續努力。只要堅持下去，總有一天我們能夠打動客戶，邁向成功。被拒絕的次數越多，就意味著將有更大的成功在等著我們。

不過，有一點需要注意：不管怎麼樣，我們都不能對顧客作出無法兌現的承諾。一些經驗不足的銷售人員在面對顧客的拒絕時，無法保持好姿態，為了挽回訂單開始對顧客提出的要求來者不拒，通通答應下來。而最後，當這些承諾無法兌現時，我們失去的將不僅僅是一個顧客，還有自己的信譽，以及無法預估的潛在顧客資源。

作為一名優秀的銷售人員，我們應該習慣顧客的拒絕，並把它視為成交的基石。要知道，成功是在拒絕中發芽的。而成交來得絕非容易，它往往等於：無數的拒絕＋最後一次努力。

贏得客戶的好感，建立信任關係

毫無疑問人們都喜歡從充滿好感且值得信任的人手中買東西，所以銷售人員應以良好的親和力贏得客戶的好感，拉近與客戶的距離，並透過真誠的服務態度和高品質的客戶服務，與客戶建立起強而有力的信任體系，以良好的客情關係推動行銷工作順利開展。

1. 以親和力和真誠贏得客戶信任

親和力能夠減少客戶對銷售人員和銷售活動潛在的戒備和懷疑，很多客戶在決定購買時是基於親和力之上，而不是產品的技術和特點，因為在現實生活中，人們往往更願意向易於相處或者他們喜歡的人購買產品。

優秀的銷售人員都清楚，要想建立親和力，就必須要進入到客戶的世界，讓他們感覺到被理解。當你真正和客戶建立起親和力時，你就能了解他們的觀點和看法，並且與他們融洽地進行溝通。那麼，優秀的銷售人員是如何做到的呢？我們應該怎麼樣透過連繫、溝通和激發來讓我們的親和力最大化呢？

(1) 增加點討人喜歡的特質

討人喜歡的特質能夠幫助你連繫客戶，與他們建立和諧親密的關係。作為銷售人員，在推銷公司商品之前，最先銷售的其實是自己。如果潛在客戶或者客戶喜歡你，那麼，即使你有行為不當的地方，他們也會原諒，還會向你購買產品；如果他們不喜歡你，即使需要你所銷售的產品，他們也很可能不買。

安德魯·傑克遜（Andrew Jackson）曾經說過：「我不說任何人的壞話，只說每個人的好話。」

我們每個人都應該讓自己竭力做一個討人喜歡的人，這既能夠培養我們的特質，讓我們更善於與人溝通，又能給他人帶來快樂。對於銷售人員而言，我們應該具有樂觀的態度，堅信我們所做的一切、所付出的努力都會對客戶有利；我們在客戶面前應該心平氣和，不能夠表現出憤怒的情緒或粗魯的行為；我們還應該具有領袖的氣質，在任何時候都能夠完全地放鬆自如，也能夠讓客戶充分地放鬆下來。

(2) 尋找與客戶之間的共通點

兩個人之間之所以會產生親和力，是因為彼此有相同或者相似之處，這些相同和相似之處會讓彼此惺惺相惜，從而產生親近感。這種現象在神經語言學中叫做模仿。在現實生活和工作中，我們可以透過相同的感受和經歷來找出雙方共同的興趣和愛好；我們也可以透過尋找共同的朋友、商務上的熟人等來進入雙方的社交圈。優秀的銷售人員會利用一切線索，發掘自己與客戶之間的共同點，從人際關係、教育背景、工作經歷等各個方面尋找自己和對方的共通之處，從而建立起彼此之間共同的溝通橋梁。

(3) 與客戶交際要靈活

優秀的銷售人員應該能夠根據不同客戶的個性風格、工作狀況、所處地區和文化種族等背景來改變自己與他們進行交流的方式。交流中，客戶常常會問到你的情況，比方說，你家鄉在哪裡、在哪裡讀書、是否結婚等。銷售人員應該積極地參與這些閒聊的話題，發展與客戶的親和關係，另外在必要的時候應該注意對方的肢體語言、說話方式等，並對其進行模仿，這樣就更容易建立起彼此之間共同的興趣和連繫。

要知道，優秀的銷售人員就是能夠保持靈活，不斷調整他們的談話風格、腔調、措辭、手勢和談話距離，以達到能夠和客戶合拍的效果。這就需要要求你必須是個非常細心的觀察者，能夠認真觀察你周邊的環境、地域、組織和客戶，並從中找到有用的訊息，以拉近和客戶的距離，建立起親和關係。

2. 真誠是建立信任體系的基礎

在人與人之間進行交往的過程中，每個人都希望得到別人的真誠相待，得到別人真誠的關懷、理解以及尊重。真誠的話語不僅能獲得對方的信任，也可以讓他們產生一種安全感，這樣才能贏得他們的關注和支持。

在國外，曾經有一位學者做過這樣一個試驗。他做了一份調查問卷，在問卷中列舉出了 500 多個描繪人品性的詞語，然後讓被調查者說出他們喜歡的詞語，並標明喜歡的程度。

調查結果顯示，排在人們心中前 8 位最喜愛的詞是：真誠、誠實、理解、忠誠、真實、信得過、理智、可靠。仔細看這些詞語你就會發現，其中有 6 個都是和「誠」有關的。而在人們最不喜歡的詞語中，位居首位的就是虛偽，正是真誠的反義詞。可見在人們的心目中，都把真誠視作與人交往的基礎。

無獨有偶，據一份消費者心理調查報告顯示，在客戶看來，在所有最優秀的銷售人員應該具備的品質中，排在前三位的是：誠實、刻苦工作、果斷。

也就是說，絕大部分的客戶都選擇把銷售人員真誠的品質放在第一位，可見「誠」字是多麼重要，只有做到「誠」，才能獲得客戶的信賴與認可。

對於客戶來說，銷售人員的銷售技能如何其實並不是最重要的，真誠才是最大的銷售技巧，也是每一個想要成功的銷售人員應該努力做到的。

在銷售活動中，銷售人員與客戶初步接觸，由於彼此不了解，為了自身的安全和利益不受損失，客戶往往會有戒備之心，隱藏自己的真實需求，他們首先會觀察銷售人員的一言一行，並從中做出判斷。客戶首先關心的並不是產品的品質和價格，他們更關注銷售人員是否真誠，有沒有誇大其詞。如果銷售人員表現得過於精明，說得天花亂墜，無可挑剔，反而會給客戶帶來不安全的感覺，難以取得客戶的信任。

在銷售過程中誇大產品賣點或者作出虛假承諾，有時會吸引部分客戶購買產品，但客戶在使用產品的過程中很可能會產生上當受騙的心理，這時再想建立客戶的信任就更是難上加難了。在銷售活動中，銷售人員完全可以主動、坦誠地提供自己以及產品方面的基本資料，這樣才能贏得客戶的信任。

喬·吉拉德曾經說過：「在所有事情中，最重要的事情就是要對自己真誠，同時，就如同黑夜跟隨白天那樣，對他人的真誠也應該跟隨我們左右。」喬·吉拉德認為客戶對銷售人員的印象取決於銷售人員的真誠度，所以，他非常注重對客戶的誠信，努力讓自己成為一個可以讓客戶信賴的業務員，而且他的這一理念也致使他取得了巨大的成功。

真誠、誠信這不僅僅應該是喬·吉拉德對自己的要求，也應該成為每一個銷售人員對自己的要求。對於任何一個銷售人員來說，誠信關係著他的名聲和信譽，也關係著他的生存。選擇「說真話」讓喬·吉拉德成為了世界上最偉大的業務員。

很多客戶對吉拉德說，雖然他們完全可以在其他地方買到更好、更便宜的車子，但是他們還是選擇購買吉拉德的車子，不為別的，只是因為吉拉德對每一位客戶都是真誠的，這種真誠的態度也值得客戶永遠信賴。

人們都說「精誠所至，金石為開」，只要態度真誠，就沒有辦不成的事情。

優秀的銷售人員都懂得在銷售活動中表現自己的真誠，收斂起自己的精明，因為只有誠摯、自然的態度才能讓客戶放心，才會促成銷售的成功。

3. 做好客戶服務，讓客戶信任持續加深

良好的親和力和真誠的服務態度，能夠有效地贏得客戶的好感，讓客戶對銷售人員建立起初步的信任，開始嘗試購買企業的產品或服務。只有持續做好客戶服務才能讓客戶信任持續加深，最終變成自己的忠實客戶，持續購買企業的產品或服務。

(1) 想客戶之所想，急客戶之所急

銷售人員要及時地與客戶進行有效的溝通，持續了解客戶的真實需求，並針對客戶需求提供高品質的客戶服務。要善於換位思考，把客戶當成自己的朋友，朋友有需求、有困難，要盡己所能提供幫助。用實實在在的行動付出打動客戶，提高客戶的忠誠度。

(2) 積極解決客戶的不滿

認真聽取客戶對於服務的意見及建議，對於客戶的不滿，要虛心接受，認真思考，與客戶共同研究協商，制定出合理解決的方案，耐心地平復客戶的埋怨。解決客戶的不滿，保障客戶的權益，才能夠贏得客戶的真正信任。

突破瓶頸的關鍵

對於行銷菁英而言，有效突破行銷瓶頸的一個重要法則，就是學會聆聽與發問。只有懂得聆聽與發問的人，才能真正走進客戶的內心，發掘客戶的需求。具體來說，就是巧妙地問——掌握一系列專業的提問技巧，將無關的訊息一點點剝離出去，從細微處發覺有價值的訊息，並且深入研究下去，最終找出客戶的真正需求；用心地聽——讓客戶在你面前釋放自己，盡情發揮，傾訴他們的一切，如喜好、煩惱、抱怨等，然後從聆聽中發現有價值的訊息，建立起與客戶的溝通與交易管道。

聆聽與發問聽起來簡單，可是在實際的行銷工作中卻並不容易，很多銷售人員往往在這兩項重要的基本功上都有所欠缺，要麼不懂得傾聽，只是一直說產品如何如何好，卻忘記了自己與客戶的主次關係，也忘記了關注客戶的內心需求；要麼不懂得發問，或者根本問不到重點，也始終無法測準客戶的脈搏。

1. 探索發問的技巧

發問，並不是簡單的你問我答的語言遊戲，而是一個用語言技巧逐步縮小範圍的過程。一開始與客戶接觸時，我們完全不了解自己的客戶，也不知道客戶有什麼需求，這時候應該盡量用開放式的、易於回答的問句去溝通；當我們從漫談中找到一個突破口時，就要用限定式的問句來鎖定這個方向，讓話題進一步往深處挖掘，最後順著這個方向達成行銷目標。

在這裡，我先給大家介紹幾種發問的方法，如圖 2-3 所示。

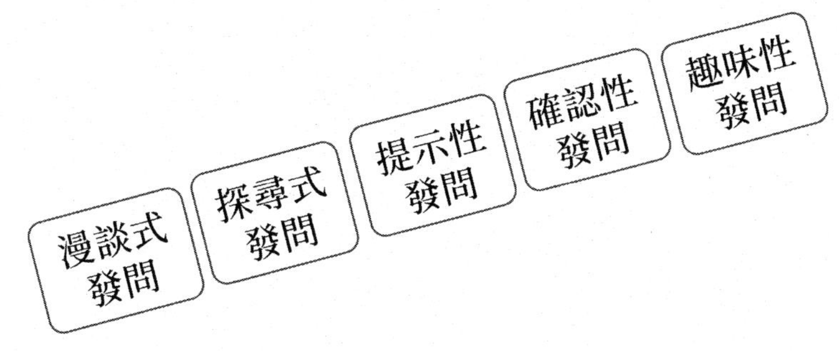

圖 2-3 有效發問的 5 個技巧

(1) 漫談式發問

發問用語如「貴公司最近生意怎麼樣」、「您最近在忙些什麼」、「您家人身體如何」、「您現在使用的是什麼品牌的產品」等。

目的：盡可能了解客戶目前的基本情況，進而從中挖掘有價值的線索。

(2) 探尋式發問

發問用語如「您對某公司的產品還滿意嗎」、「貴公司與競爭對手相比有哪些優勢」、「您為什麼對這件事感興趣」、「您覺得這種產品怎麼樣」等。

目的是：探尋客戶目前可能存在的問題，確定談話的主要方向。

(3) 提示性發問

發問用語如「這項技術如果被競爭對手搶先採用會……」、「若不趁早解決這個問題，會……」等。

目的：提示客戶認知到自己或公司目前存在的問題，以及這些問題的存在可能會帶來的危害或損失。

(4) 確認性發問

發問用語如「這個問題解決後一定能提高貴公司生產效率，您覺得呢」、「您認同這個觀點嗎」等。

目的：進一步確認客戶存在的問題，將客戶的需求目標鎖定，然後準備提出交易。

(5) 趣味性發問

發問用語如「您聽過這個笑話嗎」、「您知道世界上什麼東西最懶嗎」等。

目的：用一些趣味性的話題喚起客戶的好奇心，引起客戶對你的興趣，再從產品開始切入正題，激發客戶的購買欲。

曾經有一位非常成功的業務員格蘭德爾，在銷售過程中，他總是能用各種巧妙的發問方式吸引客戶，讓客戶能夠有興趣聽他說下去。他曾經用過鐘錶、鈔票等一些有趣的念頭來引發客戶的好奇。他認為：「只要客戶被吸引，我就能夠尋找到讓顧客購買的突破口。」

一次，他帶著一個造型非常可愛的蛋形計時器敲了一位潛在客戶的門：「您好，先生，請您給我兩分鐘的時間，讓我為您介紹一款對您大有稗益的新產品。兩分鐘後您若是不想聽我再講下去，我就立即離開。」

他把計時器放好，堅定自信地看著客戶。

客戶雖然知道他是業務員，但是覺得從沒見過這樣的業務員，就很想知道兩分鐘內他能說什麼，便情不自禁停下手頭工作說：「好的，你請講。」

格蘭德爾接著問：「先生，您覺得世界上什麼東西最懶呢？」

客戶搖搖頭，一臉茫然，但是他顯然對格蘭德爾的話產生了興趣。

格蘭德爾：「先生，就是您在銀行裡的存款啊，它們放在那裡顯然是沒有用的，您何不讓它們勤快起來呢？比如您現在就可以買一臺冷氣，讓您舒舒服服地度過炎夏。」

當格蘭德爾說到這裡的時候，顯然已經超過兩分鐘了，但是，客戶依然聽得津津有味。

很多時候，他就是用這樣的方式成功打動了客戶，最後成為了金牌業務員。

在進行這樣的趣味性問答時，也要遵循幾個小原則：

1. 銷售人員在設定這樣的開場白的時候，最好是用旁敲側擊的方法，就是要避免直接從產品談起，用一些看似與這些產品無關的話題引起客戶的興趣；
2. 開場白最好比較新奇、有趣，以能夠很好地吸引客戶注意力為準，並且要注意自己的語氣、表情、動作等一些外在條件的配合；
3. 鋪墊不宜太久，應該在很短的時間內切入正題；
4. 要說明自己不會占用客戶太長時間。

另外，在具體實施過程中，還要提醒大家注意以下問題：

1. 針對要提出的問題以及問答思路，最好在拜訪客戶之前想好；
2. 在設計問題時要注意，從大到小縮小範圍，要從面到線再到點，不要在一開始就提出過於具體或尖銳的問題而讓自己陷入窘境；
3. 要將開放式發問與限定式發問結合起來靈活運用，開放式提問是引導客戶多說自己的情況，以便我們掌握更多的情況，進而挖掘更有價值的線索；而封閉式提問則是要注意引導話題的方向，不要離題太遠，同時也能進一步確定客戶的需求。

2. 探索聆聽的技巧

人在說話的時候，都希望有人能夠傾聽。如果傾聽者能夠耐心、認真地聽，被傾聽者就會感覺自己受到了尊重，自身的價值得到了別人的認同。

人性的弱點之一就是喜歡訴說，不喜歡聽，喜歡自己掌握話題，以自我為中心。優秀的銷售人員應該利用這一點，在銷售產品或服務的過程中，讓客戶暢所欲言，而不能自顧自地喋喋不休。不論顧客談到哪個話題，都要以傾聽者的姿態，適當地做出反應，或發問或作答，這樣既可以幫助梳理說話人的頭緒，也可以從客戶的傾訴中，了解他們的需求。傾聽代表著你對客戶的尊重，對客戶意見的重視，善於傾聽的銷售人員這樣就可以輕易贏得客戶的好感。學會傾聽、善於傾聽，對每個銷售人員來說都是突破行銷瓶頸的重要法則。

日本的「銷售之神」松下幸之助向人們講述自己的銷售訣竅時，說道：「銷售的時候，首先要學會去傾聽別人的想法和意見。」他留給很多人最深刻的印象，就是善於傾聽。

一個人在拜訪過松下幸之助後，說道：「和松下幸之助交談是一件非常輕鬆愉快的事情，在說話的時候，你會感覺特別輕鬆自在，根本不會感到他就是日本首屈一指的銷售大師。他的態度非常謙和，一點也不傲慢，當我提出問題的時候，他也聽得十分仔細，還經常隨聲附和我，而從未表現出不屑一顧的表情。在拜訪中，我終於得出了結論：松下先生的行銷智慧是蘊藏在傾聽之中的。」

美國威爾遜總統（Thomas Wilson）掌權的時候，其顧問是豪斯先生（Edward House），他在工作方面表現得異常出色。他的一位朋友曾經這樣評價他：「豪斯先生是一位非常好的聽眾。」

我想正是出於他善於傾聽別人談話的態度，才使得他能夠出任威爾遜的顧問。豪斯和威爾遜的首次會面是在紐約，當時，他善於恭聽的態度讓威爾遜開始對他注意，之後又贏得了威爾遜總統對他的好感。

松下幸之助和豪斯先生的成功無不證明了傾聽的重要性。心理學研究也證明，往往是那些善於傾聽的人，能夠獲得融洽的人際關係。因為，傾聽別人講話這種行為本身就是對對方的一種讚賞。當你耐心傾聽對方談話的時候，也就是在告訴對方「你是一個值得我尊敬的人」，這樣放低自己的身段，對方也會積極回應你的話題，並且對你產生好感。

另外，善於聆聽，也要講究一定的原則，如圖 2-4 所示。

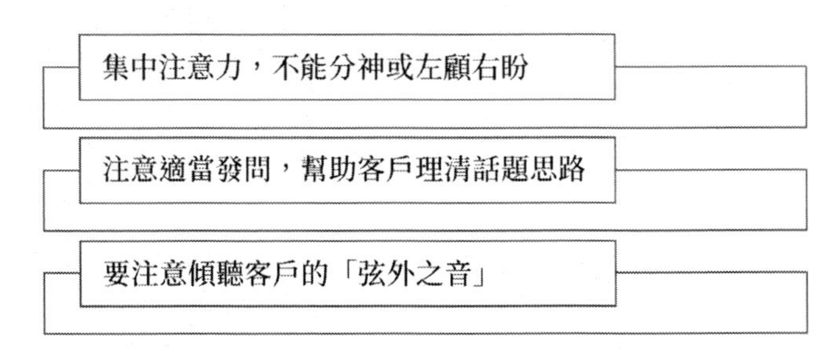

圖 2-4 有效聆聽的 3 個基本原則

(1) 聆聽時要集中注意力，不能分神或左顧右盼

在交談中，也許客戶的需求就隱藏在其不經意說出的一句話中，而在環境因素的干擾下，你若不集中注意力，往往也會忽略，也許就會錯過成交的機會。

因此，銷售人員在聆聽時要注意集中注意力，必要的時候可以準備好紙筆將談話內容記錄下來，以便在以後的拜訪與服務過程中發揮更好的作用。更重要的是，當你認真、耐心地聆聽時，就會自然而然地表現出對客戶的尊重，讓客戶的自尊心得到滿足，對你產生好感，這對行銷活動很有好處。

(2) 聆聽時也要注意適當發問，幫助客戶理清話題思路

聆聽時，也不要忘了我們與客戶談話的主要目的：挖掘出客戶的購買需求，並且滿足需求，而不是悠閒地與客戶聊天。聆聽絕不意味著一味聽客戶說，被客戶牽著鼻子走，甚至聽著客戶海闊天空地聊了一輪之後，行銷活動卻毫無進展。所以說，在聆聽時一定要注意在離題時適當發問，進而將話題巧妙地引回來。當然，發問時一定要有技巧性，做到「拋磚引玉」式的提問，很巧妙地將客戶的思路拉回來。

(3) 要注意傾聽客戶的「弦外之音」

在實際的行銷活動中，客戶往往不會直接說出自己的需求，原因大概有兩種：一、有些需求可能是隱性的，連客戶自己都沒有意識到；二、內心有某種意願或者要求，但是出於某種原因不願意直接表達出來。然而，這些需求都能透過客戶的言談舉止不經意地表現出來，因此銷售人員要注意去傾聽客戶的「弦外之音」。

尋求最佳交會點

對企業來說，產品是連繫它與消費者關係的唯一通道，因此產品是否能夠滿足客戶的購買需求，是否能夠吸引客戶的購買欲，是影響企業經營的最關鍵因素。對客戶而言，其購買行為本身不僅僅是對產品的佔有，更重要的是從中獲得某種需求的滿足。因此，尋找產品核心利益點與客戶購買需求之間的最佳契合點，這不僅是銷售人員進行市場行銷的重要策略，也是在進行廣告宣傳引導與刺激需求時的必要策略。

因為一種產品所帶來的功能可能很多，而企業則希望將完整的產品概念灌輸到客戶腦海中，以期使從社會性、心理性、功能性與其他欲望等各種價值層面深入人心。在行銷的經典理論中，一般可以從三個層次闡述產品的價值，即核心利益、有形產品、附加產品，在某些情況下還能延伸出來一個附加價值。而毫無疑問的是，在這些價值層面中，產品的核心利益點將是任何產品的根本價值，也是最能引發客戶購買需求的因素。

所謂核心利益，就是客戶最為關注的價值核心與利益點，是指產品能夠帶給客戶或者消費者的最根本利益和效用，或者說能夠滿足客戶或者消費者的根本需求。比如，冰箱的核心價值點就是為顧客提供新鮮而不變質的食品，這也是顧客真正要購買的東西，是顧客的最根本需求。

銷售人員在進行產品行銷時首先也要以此為出發點，而不是強調冰箱到底能夠製冷多少℃。要知道，在需求產品利益核心而非專業研究製冷溫度的消費者眼中，無論是製冷到零下 30°C，還是零下 60°C都不是最重要的，關鍵是要保證得到新鮮的食材。也就是說，消費者在購買一件產品時，口中喊出來的只是一個簡單的產品名稱，可是真正想要的卻是要滿足自己的某種需求。

就像著名行銷專家曾舉過的例子：若有人在商場的化妝品櫃檯前向櫃姐詢問：「你賣什麼化妝品？」雖然她表面上是在問化妝品的名稱，可是心裡想的卻是如何讓自己變得更加美麗，美麗才是她想要的價值核心。再比如，有人對聯邦快遞的收件員說：「你能盡快幫我把這封信寄出去嗎？」表面上他問的是快遞，實際上是想讓朋友或者家人在 24 小時之內看到這封信。

在賓士的展間，也許能夠聽到很多人在談論賓士的裝潢多豪華、車型多漂亮、裝備多先進，可是實際上他們心裡想的只有兩個字「尊貴」。人家可能買的就是尊貴、體面。再比如手錶這種產品，100 元的手錶也能滿足看時間的需求，可是若是 10 萬元的手錶，消費者所購買的核心利益點就不再是為了看時間，而是用等級來顯示出來的「尊貴」。

所以說，銷售人員要想把產品銷售出去，就一定要找準產品核心利益點與客戶需求的最佳契合點，只有這樣，才能做出更好的銷售業績。講到這裡，我想提一個案例，雖然它不是一個多麼高深的行銷案例，甚至只是我們在日常生活中都會遇到的尋常場景，可是卻能生動地說明行銷學中的重要問題。

一天，一位老太太像往常一樣，拎著籃子來到菜市場買水果，菜市場的門口有很多賣水果的小販。小販們都使出了渾身解數，招攬客人。老太太看中了一個小販的桃子，就問：「你的桃子甜的多一點，還是酸的多一點？」

小販趕緊說：「大媽您看看這桃子又大又紅，今天早上才摘下來的，怎麼會酸呢？」

誰知老太太搖搖頭說：「甜的可不行……」

旁邊的小販聽見後，趕緊招呼老太太：「大媽，您是想要甜桃，還是酸桃？」

老太太說：「我媳婦要生了，就想吃酸的，你的桃子酸嗎？」

小販小聲說：「大媽，您別提了，我這次真倒楣，進的桃子酸得都賣不出去，碰上您老人家算我幸運，您對媳婦可真好，現在像您這樣的婆婆真是不多見，您媳婦一定會給您生個胖小子。」

老太太聽了，笑得合不攏嘴：「給我來一斤。」

小販一邊給老太太秤桃子，一邊說：「大媽，您知道什麼水果對胎兒好嗎？」

老太太：「不知道。」

小販：「我媳婦生孩子的時候，我就給她吃奇異果，奇異果裡的維生素含量非常高。現在，我孫女、孫子在幼稚園裡成績很好呢。」

老太太：「是嗎，你有兩個孫子呀？」

小販：「對呀，一對龍鳳胎。」

老太太：「龍鳳胎啊，真不錯。」

小販：「是啊，現在家裡很是熱鬧。您啊，幫媳婦補足了營養，說不定到時候也能生一對雙胞胎呢。」

老太太：「好好，給我再來兩斤奇異果。」

小販：「大媽，您吃我的水果就沒錯啦，我這水果都是當天賣光，保證新鮮的。」

老太太被小販說得心花怒放，拎著東西走時，還哼著歌呢。

第一個小販沒有弄清楚老太太的需求，就貿然聲稱自己的桃子是甜的，這不符合老太太的購買要求，他自然就賣不出去。第二個小販就聰明很多，在老太太跟旁邊小販交流的時候，聽出了老太太的真正需求，索性向老太太訴苦說自己的桃子酸死了，成功讓老太太買了一斤水果，只能說明他的機智。但是，他後來掌握了更多的訊息後，就知道這桃子是買給懷孕的媳婦的，於是，就旁敲側擊地告訴老太太奇異果對孕婦、胎兒非常好，還把老太太說得心花怒放，最後又賣給了老太太兩斤奇異果。

這才是他真正厲害的地方：他能夠在很短的時間內，將顧客真正的購買與自己產品的核心利益點進行契合。

也許你會覺得這個案例過於通俗，也許你會覺得它講的道理過於簡單、沒有深度，然而就像很多事情一樣，真正的行銷也是在簡單、細微之處才能見其本質。還是以這個小故事為例，我們不妨來整理一下銷售人員的三個級別，如圖 2-5 所示。

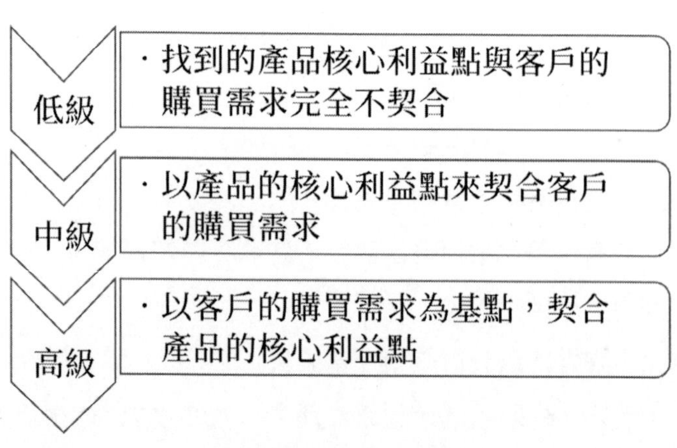

圖 2-5 銷售人員的三個級別

1. 低階：找到的產品核心利益點與客戶的購買需求完全不契合

這種級別的銷售人員，在工作中絲毫不將客戶的根本需求放在眼中，而是拚命著眼於自己的產品，簡單、直接地以自己的思維方式，想當然地覺得每一個客戶都應該喜歡「甜的」桃子，卻很少去發現和挖掘客戶的真正購買需求。在以前市場經濟不發達、產品短缺的年代，這種被動的銷售方式也許還有用，然而，在如今產品相對過剩、市場競爭異常激烈、消費者需求越來越多元化的時代，這種方式早已沒有了生存空間。

2. 中級：以產品的核心利益點來契合客戶的購買需求

這種層次的銷售人員已經具備了一定的銷售經驗與行銷思維，他們知道有意或無意地去了解顧客的購買需求，明白要照顧和滿足客戶的多樣化需求。不過，他們還處於下意識的階段，並沒有形成一套清晰的理論系統、實踐技巧與銷售流程。在這種淺嘗輒止的終極行銷層次下，也不能夠完全激發客戶的購買需求。

比如案例中的第二個小販，如果他在售出桃子之後，便停止了這次行銷活動，那麼他就僅僅是一個終極行銷者了，因為只是用「酸桃子」這個產品去迎合顧客的需求，而沒有想到以客戶的購買需求為基點，開發顧客的購買需求。

3. 高級：以客戶的購買需求為基點，契合產品的核心利益點

案例中的第二個小販就是我們所說的高級的出色的銷售人員了，他在銷售過程中知道去挖掘顧客的購買需求，透過一系列有技巧的問答，

弄清楚了老太太的真正需求 —— 她表面上是想買酸桃子，而實際上是想給媳婦補充營養，篤信「吃酸生男」的民間傳說，想讓媳婦生個胖孫子。

於是，小販便以老太太的真正需求為出發點，讓顧客看到自己還有更多產品能夠滿足這一需求，從而引導老太太又買了奇異果。最終，顧客買到了想要的產品，樂得哼起了歌，而小販也賣出了更多商品，可謂皆大歡喜。所以說，像這樣以顧客需求為出發點的銷售人員，他們不但業績好，還能得到客戶的欣賞、歡迎和尊重。

我們說，銷售是一種發現客戶需求，並且尋找客戶需求與產品核心利益契合點的過程。銷售人員在銷售產品時，一定要以滿足客戶購買需求為基點，然後用我們的產品或服務去契合、去滿足這種需求。

在實際的銷售活動中，有時候顧客的需求是顯性的，有時候卻是隱性的，需要銷售人員去契合和挖掘。比如有人得了感冒，去藥店買藥。感冒藥就是顯性需求，然而感冒後身體虛弱，往往需要補充維生素，這便是隱性需求，需要銷售人員去耐心挖掘。

就像美國全錄公司推銷專家蘭迪克說的那樣：「明確了解顧客的真實需求，並說明產品或服務如何滿足這一需求，是改善推銷，將業績由平均水準提高到較高水準的關鍵。」

第三部分

以最快的速度建立關係

根據不同的客戶，以不同方式溝通

很多時候，銷售人員非常誠懇地去向客戶介紹商品，可是費盡口舌還是難以引起客戶共鳴。這是因為銷售人員只是執著於反覆強調商品的優勢與特點，卻忘記了去掌握客戶的性格特徵，所以注定不能打動客戶的心，自然也很難達成交易。要知道，每個人都有不同的性格和不同的興趣愛好，只有有針對性地採取不同的溝通方式，針對不同性格特徵的客戶採取個性化的服務，才能在最短的時間內建立起客戶的成交信念。

因此，銷售人員在向客戶介紹商品的時候，需要根據不同客戶的身分、地位、興趣和需求而選擇介紹的內容和方式，做到因人而異，這樣才能引起客戶對產品的興趣；在與客戶溝通時，可以透過客戶的外表、穿著、言談舉止等做出判斷，並根據客戶心理的變化向客戶介紹他們感興趣的商品，從各個方面為客戶做好購買參謀。

小媛是一家公司的客戶經理，她在與客戶溝通的過程中，就非常注意掌握客戶的性格特徵進行行銷。一般在第一次拜訪客戶時，她都不談業務，而是透過交流去了解對方的性格特點和興趣愛好。

有一次，她經朋友介紹去見一位年輕的女經理。拜訪之前，小媛心想：

一般女強人都不太好對付，一定要小心接觸才是。

見面時，小媛先向這位女經理做了自我介紹。聽完她的介紹，女經理反應很冷淡，說道：「對不起，我們暫時還不需要你們公司所提供的服務。」

小媛馬上笑著說道：「王經理，我今天來並不是要和你談業務的，我只是聽別人介紹過你，今天就是想專門來向你討教，希望能夠取取經，以後也成為像你這樣成功的女強人。」

女經理聽了她的話，雖然沒有什麼明顯的表示，但還是不經意地說了一句：「我能有什麼地方值得你學習呢？」

小媛心裡一鬆，因為她知道已經取得進一步溝通的機會了，便說道：「如果你時間方便的話，我想向你請教一下成功之道。所有人都認為做女人不容易，做一個在事業上成功的女性更難。你覺得呢？」

女經理臉上露出得意之色，話語也多了，開始滔滔不絕地講起了自己的奮鬥史、成功史。小媛聽得頻頻點頭，還不時露出羨慕和敬佩之色。女經理在講述的過程中，兩人的關係也親近了很多。

後來，小媛觀察她的辦公室，發現書櫥裡擺放著很多書籍，有好多都是關於文學的，在牆角處還擺著一盆蘭花。小媛心想，自己剛好在文學和花藝上也有些品味和興趣，於是，就又和她談起了花藝和文學，很快她們又找到了相同的興趣和溝通話題。後來才得知，原來這位女經理對文學情有獨鍾，當時兩人越談越投機，只覺得想見恨晚。

最後，女經理說道：「今天，和你談話真的很愉快，我剛才差點錯過了一個知音。」

小媛看時間不早了，準備告辭。女經理還挽留道：「陳小姐，如果願意，我們一起吃頓飯吧。」

從那以後，小媛就和這位女經理成了至交好友，女經理也成為小媛最穩定的大客戶之一。

1. 客戶的購物特徵與行為特點

在行銷過程中，經常會見到的客戶類型一般有以下幾種，如圖 3-1 所示，銷售人員可以根據其性格特徵與行為特點，做出個性化的行銷策略。

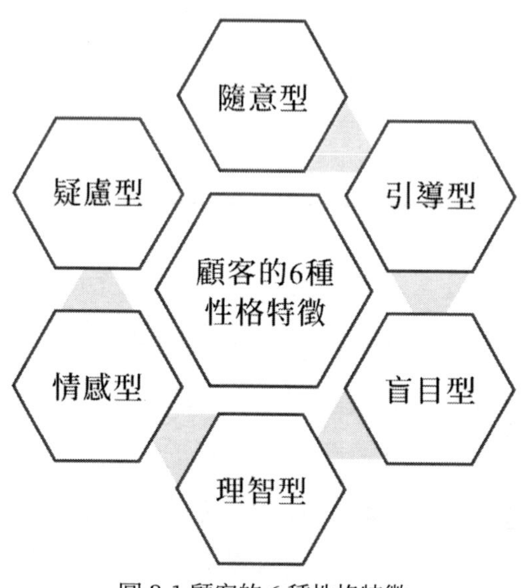

圖 3-1 顧客的 6 種性格特徵

(1) 隨意型

隨意型客戶一般以青年人為主，他們中的大多數生活節奏都比較快，喜歡追求自由、放鬆的狀態，因此在購物與交易過程中也習慣於輕鬆與滿足，不喜歡花費太大精力討價還價、「勾心鬥角」或者進行太多考察。

面對這種類型，銷售人員只要加以適當引導，一般容易達成交易。另外，這類客戶一般缺乏購買經驗或缺乏主見，樂於聽從各種意見，希望能夠從中得到幫助，因此銷售人員要注意主動出擊。

(2) 引導型

引導型客戶一般以文化層次比較高的客群為主，如中階主管等等。這部分客戶生活、工作節奏比較快，沒有太多的業餘時間慢慢決策。他們往往會透過看電視廣告、網路查詢等來了解自己所需要的產品，因為這樣可以節省時間和精力。由於客戶之前對商品會有一定的了解，因此在推薦的時候切忌吹捧，要在認同客戶的基礎上引導客戶。

(3) 盲目型

盲目型客戶一般來說購物沒有什麼明確目標，容易被人引導。因此，只要銷售人員積極熱情，客戶就容易做出購買決策，甚至有時候購買的商品並不是自己需要的東西。但是，這種情況下，客戶在購買之後很容易因為時間因素或者他人意見而後悔，一些並非因為商品品質而產生的退貨、換貨大多是此類客戶引發的。因此，在介紹商品的價值時要注意真實，不要誇大其辭。

(4) 理智型

理智型客戶大多很有自己的主見，對自己的需求非常明確，不易被廣告宣傳或銷售人員的言辭所引導。這類客群一般自信心很強，不管遇到多麼熱情的推薦，只要商品不在其需求範圍內他們就不會動搖。此類客戶購買時比較冷靜、不動聲色，從來都不急於作出決定；喜歡獨立思考，並且不喜歡銷售人員過多推薦。此類客戶會理智地按照自己的需求進行購物，因此要以專業的態度，期望能夠以自己的真誠、商品的超值來引起客戶的注意。

(5) 情感型

這類客戶往往沒有明確的商品要求，願意接受銷售人員的建議，想像力和聯想力都比較豐富。在購買過程中，個人情緒比較容易產生波動，且影響自己的購買行為，易受到自我情緒與情感的支配。在與這類客戶接觸時，銷售人員應該展示出自己的口才，不妨多說些讚美或者恭維的話，更容易引起客戶的好感。

(6) 疑慮型

這類客戶往往行動謹慎、觀察細微，但是決策遲緩，在選購商品的時候往往反覆考察很多商家，多次比較詢問同類商品，且不信任銷售人員的介紹。面對這類客戶，銷售人員一定要有足夠的耐心，要做到態度良好、不厭其煩，切忌表現出不耐煩的情緒。

2. 針對不同性格客戶的應對策略

在日常生活中，與不同性格的人相處需要採取不同的方式。比如，對於內向敏感的人要善於察覺他的心理，謹慎發言；對於虛榮愛面子的人要充分配合，滿足他炫耀的心理。同樣，在行銷過程中也是如此。不同的客戶具有不同的性格，只有了解不同類型客戶的需求，掌握其購物態度，才能夠促進交易的產生，如表 3-1 所示。

表 3-1 針對不同性格客戶的應對策略

類型	性格	應對
慎重型	決定購買前反覆思考、比較	耐心說明，不急不躁，以理服人

多疑型	假裝內行，喜歡質疑	專業，自信，堅定立場
講價型	反覆殺價，害怕吃虧	著重說明商品的價值和優越性
急躁型	討厭過分推薦	親切、快速介紹商品及價格
果斷型	乾淨俐落，容易應付	表現出足夠的誠意
善變型	易受外界影響，搖擺不定	站在客戶立場說服對方
博學型	自信，內行	表現出尊敬，認真對待
自大型	過分自信，喜歡奉承	讚美對方，表示出誠意
長舌型	外向活潑，喜歡說話	耐心傾聽，適時將話題引導回商品
不決型	猶豫不定	以誠懇的態度催促對方下決定
害羞型	內向，不愛說話	表現出友好、親切，拉近雙方距離
老實型	坦率天真	鼓勵讚美客戶，給予意見
外向型	心直口快	直截了當，幫他做出正確的判斷
興奮型	熱情歡快，情緒激動	附和對方，且盡力推薦
沉默型	寡言少語，面無表情	明白直率，透過詢問技巧讓對方開口

在與客戶溝通過程中，一些簡單的語言技巧也需要我們注意，比如請求式的語言更含有尊重的意思，比如我們請客戶等待時，肯定句為「請您稍微等一等。」疑問句為「稍微等一下可以嗎？」否定疑問句則為

「馬上就好了，您不等一下嗎？」一般來說，這幾種用語都比較委婉，但是疑問句更能打動人心，尤其是否定疑問句更能展現出對客戶的尊重。

還有，在回答客戶的提問時，應該多用肯定句，少用否定句，這樣效果可以更好。比如當客戶詢問有沒有某種款式的產品時，如果銷售人員簡單回答「沒有」，客戶也許會打消購買的念頭。但是，如果銷售人員回答：

「真抱歉，這款目前還沒有。不過，我覺得這種產品更符合您的情況，您不妨試一試。」這種肯定的回答會使客戶對推薦的其他商品產生興趣。

知己知彼，百戰百勝。這一信念不僅可以為戰場帶來勝利，也同樣適用於商場競爭。優秀的銷售人員需要做到針對不同的客戶，運用不同的銷售技巧，採取不同的溝通模式，在短時間內讓客戶產生購買的信念。因此，我們必須要了解可能接觸到客戶類型，根據客戶的興趣特點、性格特徵，做到隨機應變。

與客戶同頻道，建立聯結

如果將每一個人的生活圈和思維模式比作一個頻道的話，銷售人員只有進入客戶的頻道，了解客戶的所思、所想、所需，才能真正引發客戶的購買興趣，並且彼此之間建立起良好的情感聯結。

成功學大師卡內基在經過長期的研究後，發現一個人能否成功，專業的知識並不是十分重要，只占了 15%，而人際關係的作用占據了剩餘的 85%。

對於一個銷售人員而言，倘若你是真正的千里馬，根本不需要去埋怨自己懷才不遇，只要努力進入客戶的思維頻道，成功引發客戶的興趣，就能與其建起情感聯結，從而開拓自己的交際圈與客戶資源，為自己的成功打下堅實的基礎。

然而，引起客戶興趣說起來容易，做起來卻並不簡單。銷售工作就像是在一個戰場裡打仗，任何情況都可能會遇到，所處的環境是不斷變化的，所要接觸的客戶類型也是千變萬化，想要進入每個客戶的思維頻道，是何其艱難。不過，雖然銷售情境不同，客戶類型也是各式各樣，但是就像「天下武功，唯快不破」一樣，總有一些特殊能力和技巧是在任何情境下任何客戶都難以招架的。它們就是你引發客戶興趣、與其建立情感聯結的關鍵法寶，如圖 3-2 所示。

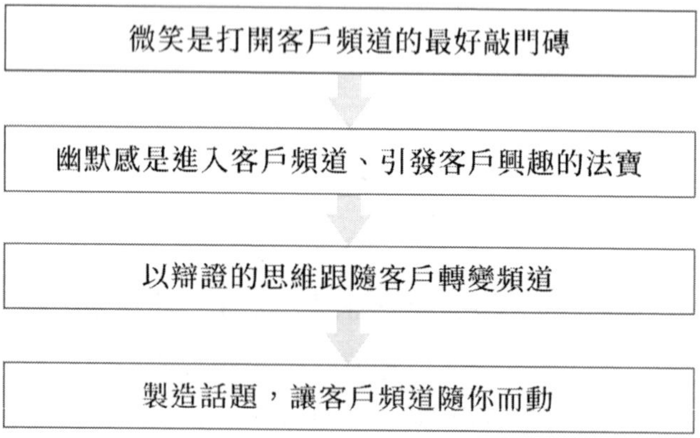

微笑是打開客戶頻道的最好敲門磚

↓

幽默感是進入客戶頻道、引發客戶興趣的法寶

↓

以辯證的思維跟隨客戶轉變頻道

↓

製造話題，讓客戶頻道隨你而動

圖 3-2 進入客戶頻道、引發客戶興趣的 4 種策略

1. 微笑是開啟客戶頻道的最好敲門磚

很多時候，微笑往往與事業、財富連繫在一起。要知道沒有人能拒絕一個真誠向他人微笑的人，即便是再挑剔的客戶也很難拒絕微笑所能帶來的溫度。只要擁有了微笑這個敲門磚，進入客戶頻道將不再是難事。

美國的希爾頓酒店是世界上最負盛名的酒店之一，董事長康拉德·希爾頓（Conrad Hilton）說過：「希爾頓的繁榮都是因為微笑的力量。」

希爾頓之所以如此重視微笑的力量，是源於許多年前的一位老婦人。當時，希爾頓的心情很糟糕，這位老婦人正巧來拜訪他。希爾頓本來很不耐煩，可是當他從書桌上抬起頭時，看見的是一張充滿微笑的慈善溫暖的臉 —— 那張笑臉的力量是如此難以抗拒，希爾頓突然覺得心情好了起來，他立即請老婦人坐下，兩人開始了愉悅的交談。

交談過程中，他完全被老婦人慈祥的笑容所感染了，心情也變得特別好。

從那以後，他就把「微笑」當作了整個酒店的服務宗旨。每次，他到世界各地的希爾頓飯店視察工作時，都會向員工強調：「今天，你對顧客微笑了嗎？」這種微笑服務也確實讓所有去過希爾頓酒店的人親身感受到了那種無法抗拒的力量。

後來，康拉德·希爾頓說：「微笑是事業上的一種成本最低、收益最高的投資，它是最簡單、最省錢、也最容易做到的服務。」因此，他每每都要求在希爾頓工作的所有員工：無論有多少委屈，有多麼辛苦，在任何時候都要記得給予顧客最真誠的微笑，用自己的笑容帶給顧客最溫暖的陽光。

在生意場上，微笑往往能為我們帶來巨大的經濟效益。事實上，不論是普通的人際交往，還是在行銷過程上，微笑都是開啟對方心靈、縮短彼此距離最好的敲門磚。只有懂得微笑的人，才會在人際交往中受到他人的歡迎。

微笑，就是擁有這樣神奇的力量。你笑了，別人才會跟著你笑，世界才會為你而笑。試想，銷售人員如果在面對客戶的時候，總是陰沉著臉孔，彷彿所有人都欠他似的，那麼客戶又怎麼願意跟他交談，購買他的商品呢？

2. 幽默感是進入客戶頻道、引發客戶興趣的法寶

幽默感能夠讓你很快地與客戶建立親和關係，它能夠使潛在客戶放鬆下來，拋開他們在面對銷售人員常有的戒心和懷疑，能夠讓客戶更好地面對自己的壓力，並且心情得到放鬆，從而接受和信任你。即使你讓他們歡笑的時間只有一兩分鐘，這對你的銷售工作也是很有用的。歡笑能夠引發我們的一系列心理反應，使我們的心情變得愉快，身體也更加健康。幽默感和快樂的心情能夠改善客戶和你的情緒，使你們更容易建立情感聯結。

有一個業務員，向客戶推銷他的強化玻璃酒杯。在向客戶介紹商品時，他聲稱這種酒杯是不會摔碎的。

大家聽了，都不相信，於是，業務員決定要親自示範一下給大家看。

可是，這位倒楣的業務員不幸拿了一隻品質不合格的杯子，他將杯子猛地一摔，酒杯就應聲而碎了。

客戶們立即哄堂大笑起來。

這位業務員自己也愣了一下，不過他並沒有驚慌，而是靈機一動，沉著而幽默地說道：「大家看，我就是要向大家示範一下，像這樣不合格的杯子，我們公司肯定是不會賣給客戶的。」

結果，大家聽了，又是一場哄堂大笑。不過，之前的笑聲更多的是懷疑和諷刺；而這次的笑聲，卻是充滿讚賞和愉悅。

這位業務員在這樣尷尬的境地裡，不但沒有驚慌失措，反而利用幽默使自己得到了很多訂單，可見幽默和歡樂的力量是多麼巨大。

3. 以辯證的思維跟隨客戶轉變頻道

一個事件的發生和一個事物的存在往往具有截然相反的兩方面的意義，如果能夠以辯證的眼光看問題，找出其中積極的一面，並使其發揮出好的積極的作用，那麼就必然能夠無往不利。作為一個銷售人員，不能僵硬地例行公事、墨守成規，而是應該以辯證的眼光看問題，積極發現好的一面，靈活地去應對各種問題，只有這樣才能更好地與客戶相處，與客戶建立良好的情感基礎。

小麗大學畢業後開了一家理髮店，因為她手藝精湛，又很伶牙俐齒，所以理髮店的生意非常好。

這天，她幫第一位客戶剪完頭髮，客戶照照鏡子，說道：「剪得有點長。」

小麗在一旁笑著解釋道：「頭髮長一點會顯得您特別有風度，您看，很多明星都剪像您這樣的髮型呢。」

這位客戶聽了，心裡非常高興，愉快地付錢走了。

小麗幫第二位客戶剪完髮，客戶照著鏡子說道：「好像剪得太短了。」

小麗笑著說道：「頭髮短顯得人有精神，朝氣蓬勃，人見人愛啊。」

客戶聽了，呵呵笑道：「是嗎？那就好！」

小麗幫第三位客戶剪完髮，客戶道：「時間有點長啊。」

小麗微笑道：「慢工出細活，為您的『首腦』多花點時間，很有必要啊。」

客戶聽了，大笑不止，高興地付錢走了。

小麗幫第四位客戶剪完頭髮，客戶說道：「怎麼這麼快就好了？」

小麗笑著解釋道：「現在，時間就是金錢啊。給您速戰速決，贏得更多的時間和金錢，何樂而不為呢？」

客戶聽了，點頭說：「嗯，很好，下次還來你這裡剪頭髮。」

在這個事例中，小麗正是靠著靈活的技巧，以辯證的眼光來看待問題，最終化劣勢為優勢，贏得了所有客戶的歡心和信任，也讓自己的生意越做越好。

4. 製造話題，讓客戶頻道隨你而動

一些看似不合常理的促銷方式，往往能夠激發客戶的興趣。銷售人員可以在銷售過程中製造足夠的話題，引起客戶的好奇心，從而激發他們的購買欲望。

義大利某著名市場，有這樣的一個銷售策略：不管自己的商品多麼暢銷、多麼受歡迎，絕不會再去補貨，哪怕客戶百般要求，他們也會婉言拒絕。

因為這一個銷售策略，導致產品都是一次性出售，絕對不會再有同樣的產品上市，於是客戶就開始爭相傳頌，前來搶購，每一天的客流量都非常大。就這樣，他們靠著這樣的銷售策略激發了越來越多的人前來消費。

如今，近百年的時間過去了，他們的生意依然火熱。而且，前來光顧的客人碰到自己喜歡的東西，都絕不會手軟、毫不遲疑地購買，因為他們知道，稍有不注意自己喜歡的東西就會被別人「搶」走。

日本有一家非常著名的女子服裝專賣店，取名「鈴屋」。在店內外掛滿了鈴鐺，只要有風吹過，鈴鐺就會發出清脆、悅耳的聲音，在相鄰幾家店鋪震耳的音樂聲中，這家小店別具一格，很容易就吸引到了很多客人。

當然，僅僅依靠這樣的「策略」似乎遠遠不夠，他們還有一個絕招。依靠這一絕招，他們的營業額甚至超過了一些中型的服裝店。他們所謂的絕招也不過是：找給客人新的紙幣，這些鈔票都是從銀行中兌換的新鈔票。

店主解釋說：「雖然，新鈔跟舊鈔在價值上是一樣的，但是，這樣做能夠很好地滿足客戶的好奇心。從未光顧的客人會想知道這到底是不是真的，光顧一次的客人會想知道第二次是不是還是新的鈔票，多次光顧的客人會想要知道這些新鈔從哪裡來的……」

這些看似很巧妙的「小花招」其實都是很簡單的，只要你能夠想到，就會收到意想不到的效果。其實客戶就是和我們一樣有思想、有情感、有好奇心的人，只要你足夠真誠，並且能夠帶給他們想要的產品以及精神上的饜足與快樂，他們就會願意接納你，讓彼此的交易頻道暢通無阻。

讓客戶產生購買聯想

銷售人員在現實的行銷工作中會遇到各種類型的客戶，如果採用一成不變的溝通方式，顯然是不合理的，也很難達到較高的成交率。如果能根據 NLP（神經語言學）的相關原理，在與客戶溝通的過程中認真地觀察辨識客戶的類型（見圖 3-3），並順應客戶類型進行伴隨式的模仿，往往可以表現出較強的親和力，能夠較快地與客戶達成自然的契合。此時再引導客戶了解行銷產品的價值，讓客戶產生購買的聯想，則更容易順利成交，模仿和引導應成為優秀銷售人員必備的溝通技巧。

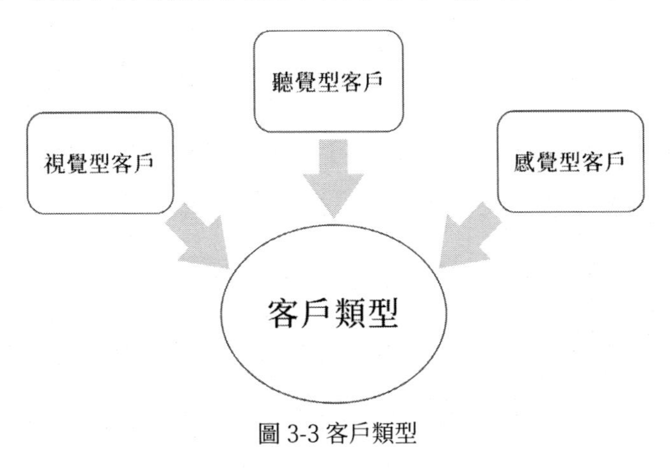

圖 3-3 客戶類型

1. 客戶類型

1. 視覺型客戶偏重於使用眼睛來接收各種訊息，是以看到的畫面來進行理解的，他們的眼珠經常轉來轉去，當被問及某件事情時，他們通常會回憶起事情發生時的畫面。因為視覺的速度比較快，所以客戶在表達自己的觀點時語速比較快，音量也比較大，同時為讓別人更容易理解，他們還會使用很多手勢來配合。他們肢體語言很豐富，經常肩聳頸伸，表現得比較容易激動。

2. 聽覺型客戶傾向於以聽到的語言和聲音來理解和判斷訊息，因為聽覺的速度往往沒有視覺的速度快，也不夠直觀，所以聽覺型客戶的說話速度會比較適中，為了方便他人的理解，他們在表述自己的觀點時語言比較有條理，同時為了表達語言內容的不同含義，他們語調也會抑揚頓挫，聲音變化非常豐富。
3. 感覺型客戶則主要是透過自己的感受理解和判斷訊息，因為需要有一定的時間去親身體驗或思考才能產生內心的感受，所以感覺型客戶的語速一般比較慢，另外為了配合他們腦中的思考邏輯，所以他們說話時會有較多的停頓，往往表現得吞吞吐吐，聲音也相對低沉，好像若有所失，他們大都性格沉穩，行事小心謹慎。

2. 伴隨式模仿技巧

在與客戶溝通過程中，銷售人員首先應該透過敏銳的觀察，發現客戶言談特點，判斷出客戶的類型。然後根據客戶類型，採用伴隨式的模仿技巧與客戶溝通，客戶怎麼做你就怎麼做，與客戶達成契合後再適時地引導客戶購買產品。成功模仿的關鍵在於三個方面：語言文字同步、語調和速度同步和生理狀態同步，如圖 3-4 所示。

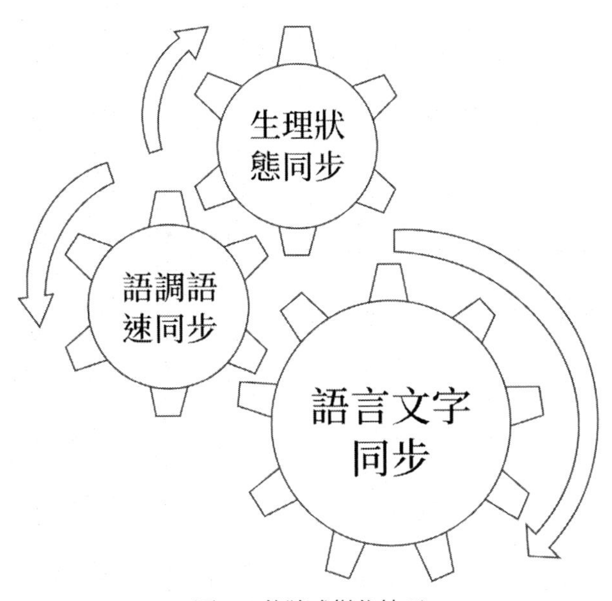

圖 3-4 伴隨式模仿技巧

(1) 語言文字同步

在溝通的過程中，發現客戶習慣採用的句子結構和詞語，並運用到自己的表達中。還要模仿客戶的興趣或信念，與客戶保持談話主題同步，這樣更容易與客戶建立友誼和交情。

(2) 語調語速同步

不同類型的人有不同的語調和語速，以聽覺型的人為例，如果你想說服他去做某件事，但是卻用飛快的說話速度跟他描述那件事，恐怕收效不大。相反，你得不疾不徐地說清楚，他才能聽得真切。否則你說得再好，他雖然在聽卻沒聽懂。再以視覺型的人為例，如果你以感覺型的方式對他，慢吞吞地說出你的感受，會把他急死，你要趕快說出重點。

所以銷售人員在與客戶溝通的過程中，要注意配合客戶的語調和語速，如果客戶說話語速快、音量高，你也要提高語速，加大音量。當你與客戶講話的語調語速一致時，客戶就會感覺你們是同一類型的人，就會自然而然地產生親切感，銷售的過程也會變得水到渠成。

(3) 生理狀態同步

有專業的調查分析表明，人與人之間的交流，文字內容的好壞只占 7%，另外有 38%是藉助語氣。最後占 55%的部分，是透過肢體語言的表達，如表情、手勢、姿勢等。所以模仿客戶的肢體語言是十分重要的，就以社交中的握手禮儀為例，聽覺型客戶握手時喜歡點到為止，如果你握得太緊，客戶會感覺非常不自然。而視覺型客戶握手的力度一般較大，你只有握得緊緊的，客戶才認為你是足夠熱情且值得信任的。下面我們透過一個例子看一下，模仿肢體語言在銷售溝通中的神奇效果。

一天，有一對夫妻來到雪佛蘭展間看車，安排了一位業務員帶領他們挑選。剛開始的時候，男士一隻手拉著自己的太太，另一隻手放在口袋裡，跟著汽車業務員邊走邊看。

最後，他們在一輛白色車款前面停下了腳步。業務員透過兩人的言談舉止判斷出，是這位男士要給自己的太太買車，但太太還是比較尊重先生意見的，由此他決定重點說服這位男士。

過了一會兒男士鬆開了他太太的手，開始向業務員詢問這款車的效能特點。在溝通過程中，業務員忽然發現這位男士有一個規律性的動作：

每當他表達肯定的意思時，就會習慣性地向下揮一下手，好像要下定決心拍板一樣。這一切都被業務員悄悄記在了心裡。

夫妻兩人在這輛車前暢談了半個多小時，業務員還把車門開啟，讓兩個人到新車裡實際感受了一番。等夫妻兩人從車裡出來後，業務員問：

「先生，基本的情況您都了解了，請問您對這款車的感覺如何呢？」男士說：「這輛車外觀不錯，乘坐舒適度也很好，我們也很喜歡這個品牌，只是感覺價格偏高。」此時，他又向下揮了一下手。

業務員說：「先生，這已是最低的價格了，實在沒有辦法再降了。只能是這個價格了！」他一邊說，一邊模仿這位男士的習慣性動作，用力向下揮了一下手。男士考慮了一會兒，說：「好吧，就是它了。」當業務員向下揮手的時候，就好像是那位男士在給自己做承諾，是他自己決定購買一樣，確定無疑、難以反駁。

銷售人員應該學會模仿客戶的肢體語言，與客戶溝通時要細心的觀察並模仿他的體態、手勢、坐姿、神情，甚至是呼吸深淺，特別是一些客戶講話時的習慣動作，這樣模仿下去，不久之後，被模仿的人會覺得你是一位對他深知、能看穿他心思且跟他很像的人，就像找到了親密的朋友。

透過肢體語言的模仿雙方會達到生理狀態的同步，同時也會有和別人相同的內心感受，甚至於相似的想法，最終達成令人難以置信的自然契合。

3. 注意事項

銷售人員在模仿客戶的過程中應保持一定的彈性隨機應變，客戶做出某種動作後不要立即模仿，盡量保持 30 秒左右的時間差，表現得自然一些，避免過於刻板。模仿不等於同步，模仿時不要讓客戶有所察覺。另外不要盲目地模仿客戶做出的表達消極情緒的肢體語言，特別是客戶不雅觀的習慣性動作，那無異於是在諷刺和嘲笑客戶。

4. 引導客戶產生購買聯想

經過一定時間的伴隨式模仿溝通，我們會與客戶達成自然的契合，在契合建立之後，我們應該開始引導客戶跟隨自己的方式。此時，我們有意識地改變動作，對方會無意識地改變成和我們一樣。首先，我們可以放慢自己的說話速度，這時會發現客戶和我們一樣放慢了速度；接著我們有可能調整一下坐姿，把整個背往後靠在沙發上，而客戶也會這麼做。

在一開始是我們模仿客戶而依客戶的方式進行，當契合建立後，我們就可以引導他依著自己的方式進行了。這就是我們影響力最強的時候，也是我們應該介紹產品的時候，我們應掌握好時機向客戶介紹產品的效能特點和優勢，重點講解購買產品可以給客戶帶來的價值利益，塑造客戶的價值觀，引導客戶產生美好的購買聯想，並最終促使客戶完成購買。

在銷售溝通中，找到客戶最主要的類型，透過有效的模仿，往往能夠迅速地與客戶達成契合。NLP 有一個重要的原則，那就是你溝通時所傳送的訊息取決於你表達的技巧。

只要不斷練習，我們就能掌握正確的表達技巧，從而進入客戶的內心世界，說出客戶的心聲，長久以後便能使模仿成為我們的第二天性，做起來便很自然而渾然不覺。當我們的模仿技巧入門之後，會發現這個模仿的過程不僅僅使我們與客戶達成契合和了解，同時還能引導客戶跟著我們走，從而創造輝煌的業績。

做出突破，改變客戶的負面看法

如今，隨著商業競爭的日益加劇，產品過剩的情況日益嚴重，消費者的期望不斷提高，行銷工作正面臨著更嚴峻的挑戰。

有人做過一項調查統計，真正成功的銷售人員不到3%。做好行銷工作可以塑造良好的品牌形象，建立良好的自我價值，甚至獲得可觀的收入；

但是做不好的話，不僅僅是金錢上的損失，更是心靈的打擊、時間上的浪費。在沒有達成交易之前，一切的支出都是成本，一切的工作都是風險。所以，對每一個銷售人員而言，這種金錢和精神的壓力是一般人難以承受的。

而在如今激烈的商業競爭環境中，產品過剩以及一些「誇大型」、「模糊焦點型」、「不管不顧賣了再說型」、「欺騙型」等畸形銷售文化的產生，讓客戶漸漸對銷售人員產生了一定的負面認知。這對行銷工作是非常不利的。作為一名銷售人員，想要成功，就必須突破自己負面的行為模式，改變客戶的負面信念；也要做到與時俱進，不斷創新，在工作中突破固有思維，也改變客戶對銷售人員以及對銷售產業的負面認知，這樣才能讓自己的工作獲得更長遠、更健康的持續發展性。

1. 會給客戶帶來正面能量的行為模式

一流的銷售人員應該是一個具有豐富市場資訊、商品知識的人，十分了解自己的商品，對價格策略有獨到的看法，能夠為客戶的選擇提供周到的意見支持。同時，也應該具備一流業務員必備的能力，掌握各項對產品銷售有幫助的資訊，擁有豐富的銷售知識，且能掌握市場動向，為客戶提供精確產品價值分析。能夠肯定行銷工作的尊貴性，並且相信自己就是為店鋪爭取利潤的最大功臣。

一流的銷售人員還應該是一個受客戶歡迎的人，具有良好的人際關係，誠心誠意、盡己所能為客戶服務。為了發掘客戶真正的需求，非常注意培養自己敏銳的觀察力，並且能夠保持一種謙虛謹慎的態度，有絕對的耐心傾聽客戶的滿腹牢騷。

一個受歡迎的銷售人員往往能夠以自己的行動來感染客戶，以行動讓客戶感覺到他積極和熱情的心態，讓客戶感受到他的朝氣與活力；以客戶至上為第一原則，時刻站在客戶的立場照顧客戶的一切需要；尊重客戶的選擇，永遠以迅速、明確的態度為其服務。

沒有哪個人天生就是優秀的銷售人員，但是時刻保持開朗的笑容與積極樂觀的態度，讓客戶也隨之感染到他的快樂。優秀的銷售人員從不強迫客戶購買商品，從不帶給客戶壓力，不僅僅去努力爭取交易的成功，並且更真切地關注客戶的心情，能夠為客戶提供長期優良的服務。

具體而言，能為客戶帶來正面能量的銷售人員應該是這樣的：

1. 態度親切、熱情、友好，樂於助人；
2. 竭盡全力為客戶服務，能夠回答客戶提出的專業問題；
3. 外表整潔，有禮且耐心，能提供快捷的服務；
4. 能傳達正確而且準確的訊息，能提出建設性的意見；
5. 清楚所有產品的優缺點，能幫助客戶做出正確的產品選擇；
6. 關心客戶的利益，急客戶所急，能耐心傾聽客戶的意見和要求。

相反，以下行為模式會給客戶帶來負面信念：

1. 解說產品時口氣很大，態度傲慢，服務不專業；
2. 只顧陳述自己個人的意見，不關注客戶的想法與需求，甚至無視客戶的行為；
3. 為達成交易而一再強調商品的好處，隱瞞產品的缺陷；
4. 只知道一味地推銷產品，卻不了解市場知識；
5. 只在乎盡快達成交易，對日後的售後服務置之不理；
6. 儀容不整、言辭粗俗；
7. 不遵守承諾或契約約定；
8. 無法接受拒絕，容易表現出急躁或不耐煩的情緒。

客戶都希望憑自己的喜好、意願，自由地決定購買的物品，但是並不是所有的銷售人員都能夠放下短期的商品利益來維護客戶。但是，現在的市場已經進入由客戶主導一切的時代，一味地「以我為本」拚命推銷的作法已經不合時宜，缺乏對客戶起碼的尊重和關心是得不到相應的理解和信任的。因此，銷售人員若有以上會給客戶帶來負面信念的行為模式，應該注意改變自己、完善自身的行銷思維，這樣才能改變客戶對銷售人員的負面信念，獲得長久的「贏」銷之道。

2. 以積極的心態改變客戶的負面信念

在一個髒亂不堪的工地裡，有三個建築工人在砌牆，有一個人路過，問道：「請問，你們在幹什麼？」

工人 A 聽了，愁眉苦臉地看著他，抱怨說：「難道你看不見嗎？我們在做苦力活。」

工人 B 則笑著說：「你也看到了，我們正在建造一幢摩天大樓。」

工人 C 一邊工作，一邊哼著歌曲，臉上還洋溢著燦爛的笑容，開心地回答道：「你看，我們正在努力建設一個新城市呢！」

十年之後，工人 A 輾轉到了另外一個工地砌牆；工人 B 透過自己的努力，已經成了建築工程師；工人 C 則成了一家建築公司的經理。

在這個故事中，三個人同樣都是建築工人，但他們的工作心態與思維模式卻截然不同，也正是因為心態與思維模式的不同，在十年之後，三個人的命運發生了巨大的變化。對銷售人員而言，想要改變客戶的負面信念，首先要讓自己擁有正面的信念，以及積極的行為模式。要知道，任何事物都有積極和消極這樣的矛盾顯現，銷售人員只有發現了積極的一面，才能勇敢地接受挑戰，帶給客戶正面的能量和信念。

比方說，當你在拜訪客戶時，被客戶趕出來了，你會怎麼想？心態良好的銷售人員會想：沒有關係，失敗是成功之母，只要努力爭取，訂單肯定是我的，這次不是我不行，而是準備工作沒有做好；心態比較好的銷售人員會想：這個人真沒有素養啊，幸好沒有跟他合作，否則以後肯定有很多麻煩，現在去找下一個客戶就好了；心態不好的銷售人員則會想：為什麼我總是遭人拒絕，是產品有問題，還是我自己沒有做銷售的天賦呢？

可想而知，在這些不同的思維模式影響下，銷售人員所表現出來的能量狀態是不同的，所能帶給客戶的感受與信念也是不同的。而積極的行為模式，無疑會改變客戶的負面信念。

某公司的兩個銷售人員 A 和 B 同時到一家超級市場去銷售同一種產品。

銷售人員 A 在超市裡看了一圈，總結說：「這家超市裡已經有了很多類似的產品，而且賣得都比較好，商場獲得利潤的比率也比自己的產品高，因此，該超市的此類產品應該已經飽和了，根本無法說服超市老闆再去進貨，即使能夠說服超市老闆進貨，我的產品也不一定能賣得好。」於是，銷售人員 A 決定放棄這個市場，他甚至都沒有與客戶見面就直接離開了。

銷售人員 B 到超市裡觀察後，總結道：「這家超市有很多和我們公司產品同類的商品，而且賣得也比較好，這說明此類產品在該超市的銷售情況很旺，這個市場有很大的開發潛力。」之後，銷售人員 B 透過調查發現，該超市賣得最好的此類產品是 XX 品牌，自己的產品相對於 XX 產品來說，雖然在一些方面有些差距，但是在其他方面卻有著獨特的優勢。

於是，銷售人員 B 便找到了超市的老闆，經過 B 的努力溝通，老闆終於同意從他那裡進貨，同時，他還根據自己的產品優勢制定了一套促銷策略，不久後，他的產品在該超市也賣得非常好。

突破自己消極的行為模式，重新樹立積極的、正確的心態和行為模式，不但能夠給客戶帶來正面的能量與信念，還將改變自己與客戶這個聯結通道裡的一切，成就銷售人員與客戶的雙贏人生。

3. 創新是突破舊有行為模式最好方法

有這樣一個著名的試驗：把六隻蜜蜂和同樣多的蒼蠅裝進一個玻璃瓶裡，然後將瓶子平放，讓瓶底朝著窗戶。結果發生了什麼情況？你會看到，蜜蜂不停地想在瓶底上找到出口，一直到牠們力竭倒斃或餓死；而蒼蠅則會在兩分鐘之內，穿過另一端的瓶口逃逸一空。

由於蜜蜂對光亮的喜愛，牠們以為，「囚室」的出口必然在光線最明亮的地方，牠們不停地重複著這種自認為合乎邏輯的行動。然而，正是牠們的這種智力和經驗才使牠們滅亡了；而那些蒼蠅則對事物的固有邏輯不那麼執著，全然不顧亮光的吸引，四下亂飛，結果誤打誤撞碰上了好「運氣」，這些頭腦簡單者在智者消亡的地方反而順利得救，獲得了新生。

這就說明：人們在固定的環境中工作和生活，久而久之就會形成一種固定的思維模式，很容易形成盲從。在行銷過程中，在面對難以解決的問題時，就需要突破自己舊有的行為模式，以超常思維去面對客戶、改變客戶的負面信念。

面對全新的局面，人們普遍認定的所謂常規，很可能把你引向末路。蒼蠅的成功脫逃，告訴我們置身瞬息萬變的商業環境中，在與消費觀念不斷變化的客戶接觸時，我們必須拋棄固有的傳統觀念和行為模式，勇於打破常規，勇於創新，習慣在迂迴曲折衷求解。

第四部分

凸顯產品利益點，滿足需求

想利用產品說明，從了解客戶需求開始

產品說明是所有公司銷售人員入門的必修課，也是銷售人員面對客戶時最基礎的技能，每個銷售人員所採用的方式也有所不同。有效的產品說明，能夠讓客戶充分了解公司產品的效能特點，將公司產品的價值優勢充分展示給客戶，實現產品價值與客戶需求的有效對接，促使客戶購買公司的產品。所以要想有效利用產品說明，首先需要確定客戶需求，只有在客戶需求明確的前提下，產品說明才會有的放矢。

1. 產品說明中的常見問題

在現實工作中，很多銷售人員認為產品說明對銷售的影響微乎其微，他們認為銷售工作的關鍵在於能夠隨機應變，並且具有傑出的臨場發揮能力，然而一份調查報告顯示，在所有表現欠佳的銷售人員中，有 90%的銷售人員都不熟悉自己的產品說明，也不能夠有效地去介紹產品，具體表現為以下幾個方面。

1. 產品說明就像是在背書，缺乏趣味性，讓客戶感覺繁瑣和厭煩。
2. 對產品的效能和優劣掌握不夠透徹，僅僅停留在表面上，無法真正理解和融會貫通。
3. 無法在短時間內引起客戶的注意和興趣，失去了繼續接觸和追蹤的機會。

4. 語言表達上缺乏修練，進行產品說明時，表述不明，別人根本聽不明白。
5. 經常自以為是，在不知道客戶理解狀況的情況下，冒進或者遲鈍，錯過了銷售的時機。
6. 在陳述中缺乏嚴謹性與專業性，使客戶無法產生信任感。

出現以上問題，一方面是因為銷售人員對自己行銷的產品認識不足，產品知識的學習理解和相關的表達訓練不夠充分；根本原因還是在於沒有確定客戶需求，只有站在客戶需求角度來學習和理解產品知識才能更加生動，也才會對產品的價值有更深入的認識，只有確定了客戶的具體需求，在產品說明的過程中才能掌握好客戶的興趣點，更有針對性地與客戶溝通，從而讓客戶全面深入地理解公司產品的價值，並贏得客戶的信任。

2. 如何確定客戶需求

客戶的需求往往具有複雜性和模糊性的特點，需要銷售人員進行分析和引導。找出客戶需求的過程實質是銷售人員透過與客戶的溝通，對客戶購買產品的動機進行深度發掘，將客戶心裡模糊的認知進行具體化的過程。

(1) 用提問的方式了解客戶需求

提問題是了解客戶需求最簡單、直接、有效的方式，透過開放式問題與封閉式問題的配合提問可以準確而有效地了解到客戶的真正需求，為客戶提供他們所需要的服務。

(2) 透過傾聽客戶談話的方式了解客戶的需求

銷售人員與客戶溝通必須全神貫注，認真傾聽客戶的回答，並盡力站在對方的角度去理解分析客戶所說的內容，全面具體地了解客戶的真實需求。

(3) 透過觀察來了解客戶的需求

銷售人員在與客戶進行溝通時，還要透過觀察客戶的肢體語言了解他的需求、觀點和想法。

下面我們看一下人才服務機構的三位銷售顧問與某工廠經理之間的對話，透過對比他們各自取得的銷售成果，分析發掘客戶需求的具體步驟。

【案例 1】

顧問甲：「張經理，您好！請問現在貴公司有應徵需求嗎？」

張經理：「有的，公司現在需要應徵一名工程師。」

顧問甲：「我們本週六有個人才應徵會，費用只需 2,000 元，你看要不要考慮參加？」

張經理：「不好意思，我們這個職務並不急，目前還不需要，謝謝。」

顧問甲：「哦！那沒關係，您需要的時候再給我打電話好嗎？」

張經理：「好的，再見！」

【案例 2】

顧問乙：「張經理，您好！請問現在貴公司有應徵需求嗎？」

張經理：「有的，公司現在需要應徵一名工程師。」

顧問乙：「請問您這個職位大概空缺多長時間了？」

張經理：「大概有半個多月了吧。」

顧問乙：「啊！有這麼長時間了，那您著急嗎？」

張經理：「不急，這個事情老闆也沒提起。」

顧問乙：「張經理，老闆可能是因為其他事情比較忙而無法顧及這個問題。但是您有沒有想過？萬一在工程師空缺期間，工廠的電器或電路出現故障影響生產該怎麼處理？」

張經理：「這沒有考慮過。」

顧問乙：「張經理，我知道您一向工作很出色，老闆也非常信賴你。但有些事情不怕一萬，就怕萬一。如果萬一工廠因電路原因出現生產事故，而老闆發現工程師職位空缺，那可能會對您產生不利影響。您在這家公司工作了很多年，如果因為這樣的小事情而受到影響，是非常划不來的。所以，建議您把這名工程師盡快招募到位。」

張經理：「生產安全無小事，你說的有道理。」

顧問乙：「我們本週六有一場人才應徵會，費用只需要 2,000 元，還是有優惠的。我建議您參加一下，你看如何？」

張經理：「可以，幫我們安排一場吧。」

顧問乙：「好的，那如果你方便的話請盡快把資料發給我，我再幫您做一下網路宣傳，確保該職缺盡快招募成功。」

張經理：「好的，謝謝你，再見。」

【案例 3】

顧問丙：「張經理，您好！請問現在貴公司有應徵需求嗎？」

張經理：「有的，公司現在需要應徵一名工程師。」

顧問丙：「請問您這個職位大概空缺多長時間了？」

張經理：「大概有半個多月了吧。」

顧問丙：「啊！有這麼長時間了，那您著急嗎？」

張經理：「不急，這個事情老闆也沒提起。」

顧問丙：「張經理，老闆可能是因為其他事情比較忙無法顧及這個問題。但是您有沒有想過？萬一在工程師空缺期間，工廠的電器或電路出現故障影響生產該怎麼處理？」

張經理：「這沒有考慮過。」

顧問丙：「張經理，我知道您一向工作很出色，老闆也非常信賴你。但有些事情不怕一萬，就怕萬一如果萬一工廠因電路原因出現生產事故，而老闆發現工程師職位空缺，那可能會對您產生不利影響。您在這家公司工作了很多年，如果因為這樣的小事情而受到影響，是非常划不來的。所以，建議您把這名工程師盡快招募到位。」

張經理：「生產安全無小事，你說的有道理。」

顧問丙：「張經理，能不能再請教您一個問題？」

張經理：「你問吧。」

顧問丙：「請問您是需要招募一般的電路工程師呢？還是需要懂一些軟體維護的工程師？」

張經理：「嘿，你還是蠻專業的。我們工廠機器設備比較多，工程師一般都要掌握一些日常維修技能。以前那個工程師就是因為缺乏維護技能，被老闆解僱了。」

顧問丙：「謝謝！那這個人你可要認真找找。你們提供什麼樣的待遇？」

張經理：「月薪 35,000 元。」

顧問丙：「張經理，說實話這個待遇有點低了，現在普通工程師的待遇大概是 40,000 ～ 50,000 元／月；如果有維護技能的話，月薪一般要更高。」

張經理：「是這樣的呀！難怪我們上次招的工程師水準那麼差。」

顧問丙：「是的，張經理，建議您跟老闆溝通一下，把待遇提高到 55,000 元，一個好的工程師能夠幫工廠節省很多錢，相信您老闆會接受你的建議的。」

另外，招募好的工程師可能不是那麼容易。我準備先給您推薦一個簡單的招募方案，你看如何？」

張經理：「我相信你的專業能力，你說吧。」

顧問丙：「我建議您安排兩場人才應徵會 4,000 元，我們再送你一則網路廣告。採用這個方案能夠集中時間把你需要的職位招募到位。您看可以嗎？」

張經理：「請一個工程師不需要訂兩場吧？」

顧問丙：「張經理，我還是推薦您訂兩場，因為訂兩場可以贈送一則網路廣告，因為您聘請的是高技術的工程師，難以保證現場就能招募到，所以有必要增加網路廣告，這個套餐比您一場一場的招募效果要好，而且也更優惠。你覺得呢？」

張經理：「你分析得有道理，那就這樣定吧。跟你聊完後，我非常希望盡快招募到人，週六見。」

顧問丙：「好的，張經理，感謝您的信任，我盡快幫你安排，儘早幫您招募到合適的人，再見。」

結合這個案例我們可以總結出發掘客戶需求具體步驟。

① 提問了解客戶的基本需求

例如，貴公司有沒有人才需求？找什麼職位？需要多少人？急不急？

(2) 透過深度提問發現客戶的深層需求和需求背後的原因

例如，您這個職位空缺了多長時間了？您為什麼不著急呢？您覺得這個職位對公司重要嗎？

(3) 透過提問激發客戶需求

例如，您不覺得會產生其他影響嗎？您的老闆會怎樣想呢？您詢問過其他部門的看法嗎？假如出現什麼問題該如何處理呢？

(4) 引導客戶及時解決問題，並推薦自己的解決方案

例如，我建議透過什麼方式，盡快地解決這個問題。

客戶考慮是否購買某商品時，往往是看該商品是否能夠滿足他的真正需求。

在現在的市場形勢下，同類產品有很多，這就需要銷售人員在對自己產品有充分了解的基礎上，在客戶進行溝通時主動地發掘客戶需求，全面具體地確定客戶需求，根據客戶的需求強化該產品的優勢，引發客戶的購買欲望。

當客戶說出自己的具體要求和對產品的期望時，我們就要做到迅速地將客戶的要求與本公司的產品特徵進行對比和分析，向客戶明確指出本公司的哪些產品能夠符合客戶的要求和期望，在進行合理的分析和說明之後，銷售人員還要針對能夠滿足客戶要求的產品優勢進行整合和優化，積極地對客戶進行說明，影響客戶的潛意識思維，使客戶覺得這些優勢對他很重要，促使客戶購買。

3 個將產品功能轉化為客戶利益的步驟

銷售人員在確定了客戶的需求之後，就要有針對性地進行產品介紹，讓客戶了解產品的特性和利益，引導客戶產生購買欲望。客戶之所以會購買某個產品，是為了獲得產品所蘊含的利益。所以在產品介紹的過程中，只有將產品功能轉化為客戶利益才能真正地打動客戶。銷售人員在產品介紹的過程中，需要透過「列出產品功能」、「解說產品功能對客戶的作用」、「解說購買產品如何有利」三個步驟將產品功能轉化為客戶利益，最終促使客戶購買產品。

1. 列出產品功能

客戶在購買某件產品之前，都希望盡可能深入全面地了解產品的功能特性，此時銷售人員需要充分運用自己所擁有的知識，從產品的材料、原理、設計、工藝等方面盡可能詳細地介紹產品的功能，還要深入發掘自己品牌產品的潛力，探尋有別於競爭對手的獨有的產品特性，展現自己品牌產品的競爭優勢。

銷售人員在介紹產品功能時，要盡可能表達清楚，簡潔的語言能更快地傳達我們的觀念，在此過程中要盡可能避免使用一些產業術語。因為，這些術語往往只有產業人士能夠明白，而對於大多數客戶來說，這些生澀難懂的詞語是毫無意義的。

通常情況下，客戶並不會像我們一樣，對這些產業術語比較了解，一般都聽不懂這些術語的意思，但是他們也不會將這個情況反映給我們。

這時，就會導致一個結果：客戶不明白我們介紹的產品的具體意義，通常也不會去購買他們所不了解的產品。

這就要求銷售人員在與客戶的交流過程中，每次最好只解決一個問題，並不斷去徵求客戶的回饋意見，以確保客戶能夠明白我們所講述的話語的意思。只有這樣，我們才能夠增強與客戶溝通中的相互理解，進而增加得到訂單的可能性。銷售人員一定要注意，銷售並非是滔滔不絕地陳述，我們真正需要做的是用最簡明、清晰、易懂的語言與客戶進行溝通。

2. 解說產品功能對客戶的作用

銷售人員在銷售過程中，不能只注重介紹我們的產品或服務有什麼功能，更應該著重去介紹它們能滿足客戶的什麼需求或解決客戶的什麼問題，讓客戶清晰地認識到產品的功能可以給他帶來什麼好處。同時還要透過與同類產品的對比說明，闡述產品在發揮作用中的對比優勢，向客戶證明「購買的理由」。

每個客戶對產品的應用需求並不相同，當我們在交流過程中掌握了客戶的真正需要的產品作用，就可以透過這些客戶關注的產品作用點來引起客戶的興趣和購買欲望。

小明是某公司的銷售人員，中秋節快到了，公司最近又出了一項新產品，他決定拜訪一下以前的老客戶，連繫感情的同時，也想讓這位老客戶了解一下公司最近的新產品。

小明：「您好，中秋節快到了，我特地給您送月餅來了。」

客戶：「謝謝，你們的服務真好啊。」

小明：「應該的，您是我們的老顧客了。另外我這次來想向您介紹一下我們現在的主推產品 —— 通訊 APP，您看可以嗎？」

客戶：「通訊 APP？」

小明：「對，通訊 APP 有簡訊群發的功能，還有即時和定時發送的功能。

另外，它還有郵件提醒、資料管理等多項功能。我留下參考資料給您好嗎？」

客戶：「好吧，我看看吧。」

以小明對這位老客戶業務情況的了解，本以為這次談話結束後，客戶一定會有所反應，可是奇怪的是幾天後客戶那邊沒有任何訊息回饋和合作意向。小明經過一些反思後，重新擬定了談話方案，並連繫了客戶。

小明：「您好。這次拜訪的目的是希望透過我們的產品 —— 通訊 APP 幫助您加強公司內部溝通、促進銷售管理。您看可以嗎？」

客戶：「通訊 APP？」

小明：「您是不是不太了解？在向您介紹前，我能了解一下您企業內部的訊息溝通狀況嗎？」

客戶：「好吧。」

小明：「您在全省有好幾百位的業務員，您是怎樣把內部的訊息傳遞給全省所有的業務員呢？」

客戶：「打電話通知。」

小明：「透過電話啊？是不是有很多人？是不是會漏掉呢？」

客戶：「事實上很多次都會漏掉，而且花的時間還很長。」

小明：「萬一漏掉之後，問題很嚴重嗎？」

客戶：「當然嚴重了，如果漏掉促銷和價格等關鍵訊息，那麼，影響可就大了。」

小明：「既然這麼嚴重，那您打算解決嗎？」

客戶：「是啊，不過我們還沒有想到解決方法，你有什麼建議嗎？」

小明：「其實，我們的通訊 APP 就是專門為了解決您這樣的問題的。」

接下來，小明又對該客戶進行了詳細的產品介紹，最終也取得了這位客戶的訂單。

在這個案例中，起初客戶並不了解產品對自己的作用，因此小明直接介紹產品不會有明顯的效果，而之後的銷售過程中，小明用提問的方法讓客戶意識到自己的問題，並讓客戶認識到產品功能在解決客戶問題過程中可以發揮的作用，從而讓客戶下定決心進行採購。

3. 解說購買產品的好處

客戶在了解了產品的功能和產品功能對自己的作用之後，往往能夠得出購買產品可以給自己帶來的利益。然而此時客戶對購買利益的認知大都比較模糊，這就需要銷售人員以客戶利益為中心，進一步強調顧客得到的利益和好處，從而激發客戶的購買欲望。

強調客戶利益的過程實際是幫助消費者虛擬體驗產品的過程，為了增強客戶虛擬體驗的效果，銷售人員的產品描述需要盡可能的具體和形象，運用品牌故事和事實例證也可以強化客戶虛擬體驗的效果，如圖 4-1 所示。

具體描述客戶利益	形象描繪客戶利益	運用品牌故事強調客戶利益	運用事實例證強調客戶利益

圖 4-1 如何透過產品說明強調客戶利益

(1) 具體描述客戶利益

在產品介紹的過程中，抽象的、概念性的描述往往很難引發客戶的購買欲望，而具體的描述往往能給客戶帶來實實在在的感受。如在銷售裝置的過程中，單單使用「提高效率」、「降低耗能」等空洞的詞彙是很難打動客戶的，如果我們能把「提高效率」和「降低耗能」的結果計算出來，把概念性的詞語變成具體的、事實的數字則更容易打動客戶。

(2) 形象描繪客戶利益

我們在銷售產品的時候，僅僅用邏輯或事實是無法打動客戶的。我們要透過視覺、聽覺、嗅覺等多種感官形象地描繪產品利益，為客戶創造美好的購物情景聯想，產生一種良好的氣氛來激發顧客的購買欲望。

例如，一位冷氣機銷售人員對客戶說：「請想像一下，使用這樣一臺冷氣機，你就可以擁有清涼寧靜的夏天，它可以讓你的家人睡得更香，從而更好地工作和學習。」

又如一位天藍色瓷磚的業務員對客戶說：「在浴室裡鋪上這樣的瓷磚，你洗澡時就會感覺到置身大海之中。」

(3) 運用品牌故事強調客戶利益

客戶在選購產品的過程中會聽到大量銷售人員的產品描述，大量數字和形容詞的堆疊的語言可能會讓客戶感覺缺乏可信度。而真實有趣的品牌故事有可能會讓客戶更加深刻地體會到產品給客戶帶來的好處，給客戶留下更深的印象。其實任何品牌在發展的過程中都有品牌的故事，關鍵是我們能不能透過生動的描述應用到產品介紹中去。

某品牌美容保健品有這樣一個品牌故事：一位小姐把購買的美容保健產品放在家裡，被她母親發現後喝了，而且效果還很好。但母親不好意思向自己的女兒說明情況，後來女兒發現母親的皮膚日漸白皙潤滑，同時自己購買的美容保健產品也在減少，真相大白之後母女兩人都為產品良好功效感到高興。

後來該公司把這個故事寫成文案〈母親偷喝了女兒的 XX 產品〉並作為銷售案例，該公司銷售人員透過這個故事來說明產品的功效，有很多客戶聽完故事後都決定購買試用該公司的產品。

(4) 運用事實例證強調客戶利益

在產品介紹的過程中靈活地運用顧客來信、報刊文章、技術報告、照片、證明書、樣品、產品說明書、影片等具有客觀性、可靠性、權威性和可見證性的事實例證，來佐證之前的產品描述，可以取得良好的證明效果，有效地強化客戶對利益點的認知。

最後我們以一個冰箱銷售人員的產品介紹為例，整理一下將產品功能轉化為客戶利益的 3 個步驟。

解說功能：「這款冰箱最大的特點是節能，它每天只需要 0.35 度電，也就是說 3 天才用一度電。」

進行產品對比：「以前一般的冰箱每天耗電都在 1 度以上，品質差一點的每天要用 2 度電。現在主流的冰箱耗電設計一般為 1 度左右。對比一下你看可以省下多少電費啊！」

強調利益點：「假如一度電 3 元，一天就能省 2 元，一個月就是 60 元。」

引出證據：「那麼這款冰箱為什麼如此省電呢？」

事實證據：「你看一下說明書，它的輸入功率只有 70 瓦，就相當於一個日光燈的功率。由於這款冰箱選用了最好的壓縮機和製冷劑，並且採用了最優化的省電設計，所以它的輸入功率小，非常省電。」

事實證據：「你可以看看我們的銷售紀錄，這款冰箱賣得非常好。你看如果 OK 的話，我幫你定一臺。」

在產品介紹的過程中首先找出客戶最感興趣的產品功能特徵，然後向客戶闡明產品功能帶給客戶的實際作用，最後運用具體描述、形象描繪、案例說明、事實例證的方法證實產品帶給客戶的利益，能夠更加有效地激發客戶的購買意願，從而順利實現產品的銷售訴求。

4 個透過產品說明激發客戶購買心理的階段

銷售人員在與客戶第一次見面時，彼此還沒有建立信任和業務關係，所以會面的開場就顯得尤為重要。這時候，你需要引起客戶的注意，透過產品說明來激發客戶的購買心理，讓對方對你和你的產品感興趣。

然而，我們必須注意的是，銷售的過程並不僅僅是背誦產品說明或者做產品示範的過程，它也遵循著銷售活動對客戶產品心理影響的基本流程，因此只有符合客戶心理變化的銷售流程才能產生良好的效果。具體來說，銷售過程應該遵循以下 4 個階段：吸引注意 —— 引起興趣 —— 刺激欲望 —— 「逼單」行動。

1. 吸引注意：你的銷售詞要先吸引住客戶的注意

人是環境的產物，而我們每個人其實每時每刻都在受到外界環境的刺激，但是神經系統對這些不同的刺激元素並不是一視同仁的，相反地它會對某一刺激感到特別深刻、明銳、清晰，而在那一刻那種刺激就成了他剎那間的意識中心。正是因為人類的這種心理特點，銷售人員在進行產品說明時，必須先想辦法用一個好的開場白將客戶的注意力集中到自己身上。在進行產品說明時，只要你的開場白開得好，就有可能掌控客戶的情緒、心理和注意力。

就像第一次與客戶會面對整個行銷活動很重要一樣，對客戶說的第一句話作為洽談開始，也顯得至關重要，因為它決定著你的銷售詞是否能吸引客戶的注意。一個好的銷售開場白是銷售成功的基礎。下面我們來介紹幾種好的開場白方式。

(1) 利用「金錢」的力量

沒有人不對錢不感興趣的，賺錢或者省錢的方法往往能夠有效地吸引客戶的注意力。比如：

「王經理，我有辦法讓貴公司節省一半的水費。」

「章廠長，您希望每年節省 10 萬元的維修成本嗎？我有一個辦法……」

好聽話每個人都願意聽，我們的客戶自然也是如此。因此，真誠的讚美是接近客戶的一個好方法。比如：

「張總，您這房子設計得真典雅。」

「我聽以前的同事說，您是一個爽快而熱心的人，跟您談生意別說有多痛快了。」

(2) 利用好奇心

現代心理學告訴我們，人類行為的重要基本動機之一就是好奇心。美國傑克遜州立大學的一位教授曾說過：「探索與好奇，似乎是一般人的天性，對於神祕奧妙的事物，往往是大家所熟悉關心的注目對象。」客戶對於那些與眾不同、不熟悉的產品有種特別的好奇心，銷售人員可以利用這一點來有效吸引客戶的注意力。

一個業務員在銷售地毯時，對客戶說道：「您只需要每天花費 1.3 元，就能享受到地毯帶來的好處了。」當客戶對此表示詫異，並且側耳傾聽時，業務員接著說道：「您的臥室大概有 12 平方公尺，我們公司生產的地毯每平方公尺 200 元，只需要花 2,400 元就可以。而我公司的地毯至少可以用 5 年以上，一年每年 365 天，這樣算起來您每天只需要花 1.3 元。」

銷售人員可以以這種獨特的開場白來製造神祕氣氛，引起客戶的好奇心，然後，在解決客戶好奇心的同時再巧妙地將產品推銷給客戶。

(3) 提到有影響力的第三人

你可以告訴客戶是第三者（顧客的親友）介紹你過來的。因為我們在日常生活中都有「不看僧面看佛面」的心理，所以這種迂迴性的開場白往往能夠取得不錯的效果。當客戶聽到自己親友的名字時，一般就會對業務員表現得比較客氣。比如：

「王先生您好，您的好友李先生介紹我來拜訪您，他認為我們公司的產品可能會對您有幫助……」

客戶在做出購買決策時往往會受到其他人的影響，銷售人員在介紹產品之前，不妨舉著名的人物或者公司為例，來增加客戶的信任度，消除其防備之心。比如：

「張經理，XX 公司的王總用過我們公司的產品之後，效果非常顯著，營業狀況也大有提升。」

(4) 提出問題

在推銷時，銷售人員可以直接將關鍵問題擺在客戶面前，利用對方所關注的問題來吸引客戶的興趣和注意力。比如：

「王廠長，您覺得什麼才是決定貴廠產品品質的核心因素呢？」

(5) 表演展示

利用戲劇性的表演來向客戶展示產品的特點，這種方式也是不錯的開場白。

2. 引起興趣：引起客戶的注意後，要引起客戶的興趣

在引起客戶的注意之後，接下來就要準備引起客戶的興趣了。對銷售人員而言，想要讓客戶對你的產品產生興趣，辦法只有一個——將產品與顧客連線起來。換句話說，一定要讓客戶第一時間意識到你的產品能給他們帶來什麼益處。就像我經常對學員說的：「如果你不能夠在 25 個字以內，讓客戶認識到你的產品能夠帶給他們什麼好處，你可能已經被三振出局了。」

但是有一點一定要記住：客戶想要知道的絕不是產品本身的訊息，而是產品能夠為他們帶來什麼。因此，背誦產品說明絕不是什麼好主意。

美國有一位非常成功的業務員威爾先生，他的專業能力很強，後來也坐到了公司經理的位置。當別人向他請教經驗時，他說：「在與零售商交談時，你必須要讓他們聽到金錢叮叮噹噹響的美妙聲音，並且告訴他們這些產品如何為他們賺取利潤和聲望。比如告訴他『這可以讓你賺到更多的財富』，類似的語言永遠能夠讓對方對你的產品充滿興趣。」

3. 刺激欲望：在引起客戶的興趣後，刺激他的購買欲望

一般來說，在考慮是否購買產品時，客戶需要衡量多方的利弊得失。只有當眾多的產品利益擺在客戶面前時，客戶才會產生強烈的購買欲望。

因此，銷售人員在這個階段一定要詳述獲得產品的好處。也就是說，在這第三個階段，銷售人員要站在客戶的立場上，詳細說明或探討擁有產品的好處和收益，誘導客戶去聯想不買的各種遺憾，以及買了以後的獲益，以達到激發客戶購買欲望的目的。

創造客戶就是刺激和引導客戶的購買欲望的過程，銷售人員想要實現目標，就必須變被動銷售為主動創造。可以從以下幾個方面入手，如圖 4-2 所示。

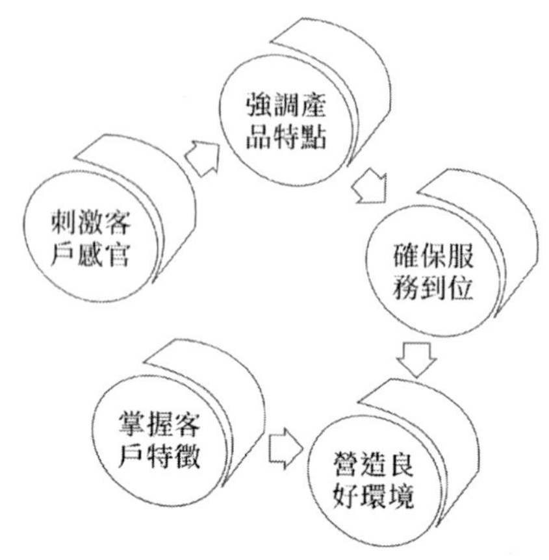

圖 4-2 刺激客戶購買欲望的 5 種技巧

1. 強調商品物美價廉
2. 保證誠實守信，服務到家
3. 為客戶營造舒適的購物環境和交流氛圍
4. 經常分析不同年齡、性別、性格的客戶的購買心理，做到有的放矢
5. 從味覺、聽覺、觸覺、嗅覺、視覺等方面多方位刺激客戶的感官

另外，在刺激客戶的購買欲望時，還可以採取以下幾個訣竅。

1. 免費贈送禮品 —— 這種促銷方式的殺傷力可謂非常巨大。
2. 創意包裝 —— 所謂「佛要金裝，人要衣裝」，連產品也要講究臉面和包裝。
3. 做好感情投資 —— 很多產品都是附帶感情屬性的，如父母寵愛孩子，可以給孩子買更多的玩具等。銷售人員要學會引導客戶的這種情感投資。

4. 讓客戶看到實惠 —— 無論是怎麼樣的買家，都有占便宜或者討價還價的心理，不妨讓客戶看到一點實惠。

4. 「逼單」行動：迫使客戶主動採取購買行動

在如今逐漸趨於理性消費而顧客又較為挑剔的形勢下，很多銷售人員都有無從下手之感。有時在前三個階段的產品說明沒有問題的情況下，最後卻因為沒有適時採取「逼單」行動而讓顧客白白流失了。銷售人員在銷售的過程中，一定要掌握一定的「逼單」技巧和方法，如圖 4-3 所示，掌握好時機，以迫使客戶主動說出購買產品的意願。

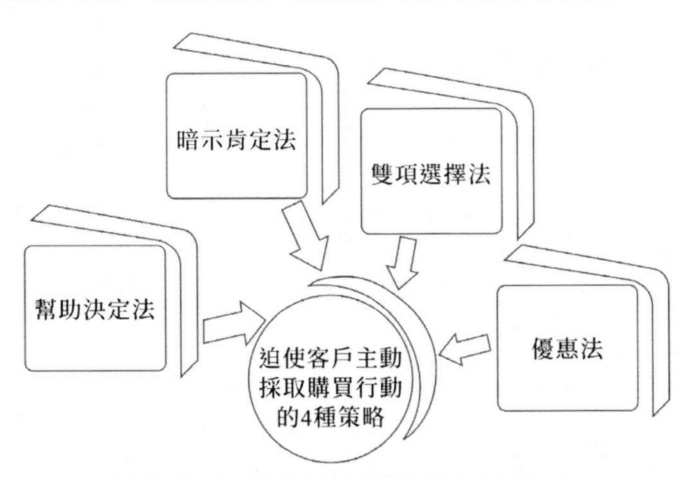

圖 4-3 迫使客戶主動採取購買行動的 4 種策略

(1) 幫助決定法

很多在顧客「貨比三家」之後，反而越來越不知道如何選擇了，便一直猶豫不決、煩惱不已。這個時候，銷售人員一定要掌握好顧客的心理，在顧客遲疑的時候，適時添一把火，以對方當然會購買來勸說的方法迫使顧客與你進行交易。

這種方法在終端銷售中用的比較多，其重點在於給予顧客一定的鼓動力和推動力，幫助對方下定決心。否則，若沒有這一把推動力，客戶的購買欲望很可能會降下來，甚至為了擺脫難以抉擇的處境而放棄購買行為。

(2) 暗示肯定法

當你透過前三個階段的努力，一點點介紹產品的種種益處後，一旦顧客表現出贊同的舉動，一定要趁熱打鐵引導客戶的思路，不斷暗示和肯定對方，將生意做成功。這時候，最好是將產品的各種益處，以及客戶提出的各種意見和要點加以綜合，以極高的思維能力推進客戶的購買思維，將客戶引導到你所銷售的產品情境之中去，最後一錘定音。

一位成功且有經驗的銷售人員在了解和分析完客戶的購買動機後，往往能夠將這種暗示肯定法運用自如，並且成功打動顧客。

(3) 雙項選擇法

很多時候銷售人員向顧客介紹了一大堆產品，而且這些產品各有各的優點，讓顧客難以抉擇，以至於遲遲不能成交。這時候，銷售人員要注意將顧客的目光重新吸引到對方最可能看重的兩款產品上，然後迫使顧客從兩者中挑選一款。這時候，可以使用的限制性語言如「您是買這一款，還是那一款？我認為這兩款都很適合您，不過這一款更典雅一點，也更符合您的氣質……」無論對方更喜歡哪一款，一般都會從兩者中做一道單選題，這樣就能促成最終的購買。

(4) 優惠法

有些顧客在購買產品的過程中，往往不太注意商店或者品牌所推出的促銷或優惠活動，而在最後的「逼單」階段，銷售人員若能夠適時再指出或者強調品牌的優惠活動，往往能夠在顧客的購買動機上再添一把火，從而促使最終成交。如某商品有抽獎活動，某商家實行「買一送一」活動等。

第五部分

處理異議，消除抗拒

運用潛意識行銷，建立正面聯想

所謂潛意識行銷，就是行銷人員透過對行銷模式、產品行銷場所的研究，感知這些因素對顧客產生的心理影響，並且努力使其有效量化，從而引發顧客對產品「莫名其妙」的好感。再換句話說，潛意識行銷就是透過影響人們的「閾下知覺」（低於閾限的刺激所引起的行為反應）而進行的行銷手段。

儘管潛意識行銷這個概念還沒有被廣泛應用，但實際上在現實的行銷活動中，很多成功的行銷人員都已經在不知不覺中運用。比如，進行食品促銷活動一般會選擇在早上十點後或下午三點之後，其潛藏的原因是在這個時間內人們吃下的早餐或者午餐已經快消化完了，會產生一定的飢餓感，看到食物也會產生更多興趣。

當然，在不同因素（如不同產品、不同地點、面對不同的消費人群）的作用下，潛意識行銷的運作模式也是不同的。如汽車這種產品常見的行銷模式就是「香車美女」，因為香車和美女都會給人一種驚豔、愉悅的感覺，而將美女和香車放在一起時，這種驚豔感覺就會疊加在一起，從而強化香車給人的感覺。同樣地，將豪車與老虎、獅子、豹等善於奔跑的動物連繫在一起的廣告，也是在利用動物的特性加強人們對於車的感知。

潛意識行銷，有著比其他行銷方式難以比擬的優勢。

一方面，因為潛意識行銷模式是在顧客不知不覺的情況下利用人們的「閾下知覺」，所以顧客潛意識裡會認為所有的消費行為都是其自主決定的結果，代表著自己的個性、喜好、品味與體驗，而不是被傳統行銷模式推動的結果。這樣一來，只要顧客建立了這種印象，就能為你帶來忠誠度較高的大批顧客。

另一方面，因為這種行銷模式具有高壁壘性、高隱蔽性兩大特徵，往往需要特定的專業人士參與其中，所以具有其他競爭對手難以替代或模仿的優越性。從一定程度上來說，這能幫助公司長期占據較好的市場地位。

以肯德基和麥當勞為例，儘管有很多公司或者品牌模仿他們的服裝、模式、店頭布置等，但是卻難以帶給消費者完全相同或者類似的感覺與體驗。也就是說，其他公司可以模仿出那些明顯可以感知到的東西，卻模仿不出消費者潛意識感知到的元素。而那是一種感覺，一種享受了服務之後的愉悅體驗。

也許這聽起來有點玄妙，不過卻也很現實。可以說，為了讓顧客體驗到這種愉悅的、有異於其他店的消費感受，肯德基和麥當勞都花費了不菲的人力和財力。比如，人們在怎樣的溫度下就餐心情最愉快？可樂多少度味道最好？天花板上一平方公尺鋪設多少隻燈管讓顧客感覺最溫馨？

諸如此類的問題又有多少人去關注？而肯德基和麥當勞卻非常關注，而且為了引發消費者潛意識的愉悅體驗，而不惜成本。

我們看到，這些所有的努力其實都是為了將人們的內心感受進行量化，以便運用到潛意識行銷中去。也正是因為這樣，它們用努力成功地將自己與其他餐飲企業區別開來。這些無所不在卻又不知不覺侵入顧客內心中的元素，透過與一包包薯條、一個個漢堡、一杯杯可樂連在一起，形成了一個不可分割的快樂的體驗鏈。也許這種感覺將一直停留在潛意識的層面，但是卻能在不知不覺中影響顧客的消費行為，從而將人們對速食、薯條或者漢堡的認識侷限在肯德基、麥當勞的範圍內。

下面，我們就來看看潛意識行銷建立的步驟，如圖 5-1 所示。

確定行銷介質	量化對客戶的影響	整合各種因素和效果

圖 5-1 潛意識行銷的 3 個步驟

(1) 第一步：確定行銷介質

什麼是行銷介質？它是指在行銷過程中，行銷人員用來向消費者傳達誘導性訊息的媒介物。在傳統的行銷模式中，經常被強調的產品品質、價格、等級等這些都屬於行銷介質。而有所不同的是，這些介質都是顯性的，而潛意識行銷所利用的介質則是隱性的。

而且正是因為這些行銷介質的模糊性和隱蔽性，作為行銷人員，首先要弄清楚的第一個問題就是：自己想要利用的行銷介質到底是什麼。因此，我們非常有必要充分了解參與到行銷過程中的各種元素，清楚地界定出來這些元素可能會對消費者產生怎樣的影響。

還以肯德基和麥當勞為例，其潛意識行銷的過程中，首先要確定的就是背景音樂、光線、溫度等因素會對消費者的聽覺、視覺、感覺等造成怎樣的影響。需要注意的是，顧客的消費感知是很多因素綜合作用所產生的全方位的整體感覺，因此行銷人員在確定和研究「行銷介質」的過程中，應該盡可能做到全面、充分。

② 第二步：將該行銷介質對顧客所能產生的影響進行量化

對隱性的行銷介質進行量化的過程是需要科學性和嚴謹性來支撐的，在這個過程中，行為學、應用心理學、消費心理學等專業知識都可能涉及，因此需要一個更為強大和專業的團隊。

所以說，這個過程絕不是僅靠行銷人員就能實現的，需要組成一個較為專業的團隊，以求得到準確的量化數據，從而透過各種因素的潛意識影響，促使顧客建立正面的愉悅的神經聯想。

③ 第三步：對各種因素及其效果進行整合

讓顧客獲得良好的消費體驗，這是以上兩個步驟的最終目標，然而需要注意的是，顧客內心良好體驗的產生並不是一種或者幾種因素配合的結果，它是一個由多種因素全方位刺激的綜合結果，而且這些因素需要掌握好輕重緩急，使之錯落有致、有序作用。

相反，如果只是讓各種因素胡亂搭配在一起，很可能會使其作用互相抵消，最終得不償失。更有甚者，在整合不當的情況下，造成了喧賓奪主的效果，白白浪費了大量的人力、財力。

例如，曾經有一個著名的洗衣機品牌舉辦了一場盛大的行銷活動，還特意聘請了舞蹈團進行助興表演。然而，讓人意想不到的是，因為節目過於精采，人們都沉浸在節目中，無暇理會商品，結果造成了商品本身無人問津的結果。想一想，行銷人員若不能夠將消費者的內心體驗與自己的產品掛鉤，就算聘請再多的歌舞表演，又能有什麼何益呢？所以說，在運用潛意識行銷時，行銷人員一定要對各種隱性行銷介質及其相互間的作用進行充分的整合，以便取得更好的行銷效果。

當然了，以上所列步驟只是一個簡單化、抽象化的概述，行銷人員在具體運用潛意識行銷的過程中，一定要進行大量的市場調查和數據分析。

另外，行銷人員最好能夠具備一定的行為學、心理學、社會學等方面的知識，這樣才能更好地運作潛意識行銷。

了解客戶產生異議的來源，採取對應的處理措施

銷售領域有這樣一句話：處理客戶異議是銷售的鬼門關，闖得過就是海闊天空，闖不過去就只能前功盡棄。事實上，客戶異議之所以會成為所謂的「鬼門關」，並不是因為客戶異議是多麼不可理喻，而是行銷人員準備工作做得不充分。《孫子兵法》有云：「勝兵先勝而後求戰，敗兵先戰而後求勝。」就是說常勝之兵總是要先做好充分的準備（先勝），然後才會上戰場求戰；而打敗仗的兵卻總是喜歡打沒有準備的戰鬥，等上了戰場才去考慮取勝之法。因此，行銷人員只有在充分了解客戶異議，做好準備的前提下，才能真正贏得客戶的心。

我們說的「心理異議」，其實是客戶潛意識的一種消費障礙，並不是指某種具體的問題或者困難，因此可以說是存在於客戶內心的一種主觀上模稜兩可又難以肯定的疑慮。在這種情況下，第三方的意見可謂至關重要。如果行銷人員能夠確認客戶異議的根源，扮演好這個第三方的角色，就能消除客戶的異議。

1. 異議產生的根源

(1) 買家本能的自衛反應

從心理學角度來講，自我防衛機制存在於我們每個人的內心深處。面對推銷人員，客戶潛意識裡會產生一種輕微的異議，並且在行為和語言上做出迴避或拒絕做出購買承諾的表現。

這種異議只是客戶面對推銷人員時的本能反應，只要你能讓他們認識到你的產品或服務值得購買，你的推銷是誠心誠意的，客戶的戒備心也會逐漸消除。因此，優秀的推銷人員不應該被這些異議嚇倒，而是要以謙和、善意的姿態拉近與客戶的距離。

(2) 要求得到更多訊息的委婉表達

在做出購買或者成交決定時，客戶看似平靜的外表下可能隱藏著非常激烈的心理鬥爭，在買與不買之間不停地猶豫、徘徊。此時，為了平衡或緩解內心的矛盾，客戶會故意提出各種異議或者疑慮，以求獲得更多的產品訊息，或者得到更多的承諾。

而推銷人員需要注意的是，這些異議恰好證明客戶對產品是有需求與渴望的，只是他還缺乏一個完全被說服的契機和理由。因此，這正是需要推銷人員臨門一腳的大好時機，只要能打消客戶的種種疑慮，成交也就自然而然了。

可見，客戶的異議並不可怕。正如老話說的那樣，「嫌貨才是買貨人」，推銷人員一定要明白異議正是銷售真正的開始，因此需要坦然地面對和接受。

2. 客戶異議的 3 種類型

客戶異議會以不同的形式展現出來，可能是因為對銷售人員的牴觸和反感，可能是覺得購買時機不對，也可能是沒有被產品說服等等。在這裡，我們先對異議的類型進行簡要的分析，如圖 5-2 所示。

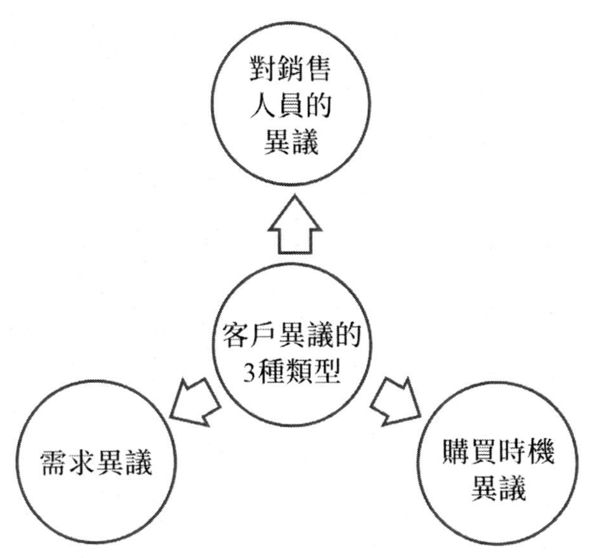

圖 5-2 客戶異議的 3 種類型

(1) 對銷售人員的異議會引發顧客對產品的質疑

日本行銷專家曾做過一次調查研究，結果表明：其實在拒絕購買的顧客中，有 70%都沒有什麼明確的拒絕理由，只是對銷售人員本身存在一種質疑心理，而且泛泛地反感銷售人員對自己的打擾，進而對其帶來的商品也產生了強烈的質疑和排斥。

所以說，想要完成銷售活動，首先要把自己推銷出去。只要在客戶信任你的前提下，他才會信任你的產品。而顧客對你的信任則取決於你的態度、自信、自身氣質、業務能力、產品知識等，這些都需要日常累積和訓練。

(2) 購買時機異議是顧客常用的推託之辭

購買時機異議是銷售人員經常會遇到的情況之一，客戶通常會說「我再考慮考慮」、「過段時間再說吧」……在這些推脫的背後，可能是因為尚未做出購買決策，也可能是客戶已經購買了同類的競爭產品，或者只是作為藉口來掩蓋真實的問題。

對於這種購買時機異議，銷售人員應該做好分析工作，並且根據具體情況採取合適的策略和轉化技巧。首先，可以採用探詢的溝通方式了解客戶的真實意圖，然後再一步步引導並喚醒客戶的購買動機。

(3) 需求異議暗示著顧客沉睡的潛在需求

需求異議，也就是客戶對於自己到底需不需要該產品的疑慮，比如客戶會說「這類產品對我沒用」、「我從來不化妝，也不需要你的化妝品」、「我身體很好，不需要什麼營養品」等等，即客戶主觀上認定自己不需要該產品。這類異議雖然看似堅決，實際上隱藏著客戶還未意識到的購買需求。即便客戶自己都不曾意識到，但這並不意味著需求不存在。

就像在行銷領域廣泛流傳的故事：兩個業務員一起到非洲原住民居住地賣鞋子，一個業務員認為原住民不穿鞋子，所以沒有購買需求；而另一個業務員則認為，正因為如此，這裡是鞋子的最佳市場。需求異議往往暗藏著客戶沉睡的潛在需求，而銷售人員需要做的，就是喚醒顧客沉睡的潛在需求。

3. 如何處理客戶異議

在銷售過程中，銷售人員必須學會分析和判斷客戶異議，弄清楚是真異議和假異議，然後對症下藥。

所謂真異議，就是指客戶不購買的真實理由。比如客戶目前確實沒有購買需要、客戶不喜歡所推銷產品的款式、產品價格超過客戶的承受能力等等。

不過，很多時候客戶在購買產品的過程中，為了達到自己的目的，也會採取一些討價還價、占小便宜的策略，用假異議來讓自己占據有利形勢。

也就是說，這時候客戶所提出的異議和顧慮並不是內心的真實動機，這就需要銷售人員細心觀察和判斷了。

比如，客戶希望價格更優惠時，可能會故意尋找產品的瑕疵，或者聲稱自己對該產品的款式並不是很滿意等等。而客戶在說出這些異議時，內心真正想的是：可以以此為依據殺價。

然而，無論是真異議還是假異議，銷售人員都不可置之不理，而要採取相應的策略積極應對和周旋。要知道，當客戶願意對你坦露他對產品的異議時，恰恰說明他對產品是有一定興趣的，而這時也正是你克服異議、贏得客戶的關鍵時刻。具體做法有以下 3 點。

(1) 懷著感恩之心和耐心聽取客戶異議

作為銷售人員，要時刻對客戶保持最大的耐心和感恩之心，在面對客戶的異議時也應如此。其實，在具體的行銷活動中，真正有意「找麻煩」或者無理取鬧的客戶是非常少見的。在面對客戶的抱怨、質疑、異議時，銷售人員首先應該認知到這是人之常情，然後再耐心聽取對方的抱怨或意見，並以客戶為出發點積極應對這些異議或抱怨。要做到：

- 不做負面設想，或者負面反應；
- 時刻保持平常心和良好的態度，做到泰山壓頂而面不改色，向客戶展示你的自信、修養、風度和專業能力；
- 要懂得理解和體諒客戶，用心聆聽客戶的異議，做到「七分聽，三分講」，而且要有理有節；

- 在回應客戶的異議時，不需要大嗓門，也不需要用否定句；
- 無論客戶有怎樣的異議，都不要打斷或反駁對方，而是要在客戶闡述完之後再設法周旋；
- 一定要避免與客戶產生正面衝突，維持良好的交流氛圍和客戶關係。

(2) 做好準備工作，用心研究消除客戶異議的技巧和方法

如果問題複雜，銷售人員更要以平和、冷靜的心態耐心對待，並且努力透過與客戶的交流、探討弄清楚異議的根源所在。在確認客戶異議的根源之後，就要考驗銷售人員日常的修為與累積了。所以說，用心研究消除客戶異議的技巧和方法也是銷售人員的必修課之一。只有做好準備工作，對各種異議的應對之法胸有成竹，才能臨場發揮好，打好有準備的仗。

(3) 提出問題解決的辦法或改進的措施

在確認客戶異議之後，銷售人員應該針對異議的癥結加以說明，然後提出切實的解決方法。如果異議的產生是因為客戶的某種誤解，或者因為對產品不夠了解，這時候則要耐心向客戶解釋，並表現出投入、認真的態度，切不可表現出不耐煩或者輕蔑的口吻。你要時刻提醒自己：我是專業人員。

場景重現

銷售是一種以結果導向的遊戲，銷售的目的就是要成交。沒有成交，再好的銷售過程也只能是遺憾收場。對於業務員而言，成交就是終極追求，別無選擇。但在銷售的過程中，經常會遇到客戶各式各樣的異議，並產生購買抗拒，影響業務員的成交率。面對這種情況，業務員怎樣排除客戶異議，說服客戶購買呢？下面我們針對不同的場景來進行一一分析。

場景一：顧客說：「我要考慮一下。」（如圖 5-3 所示）

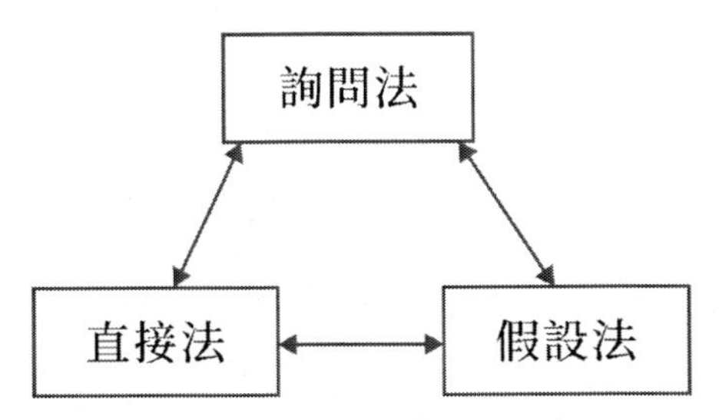

圖 5-3 場景一：顧客說：「我要考慮一下。」

(1) 詢問法

在這種情況下，顧客往往是對產品感興趣的，只是可能感覺對產品的了解還不夠全面深入，或者是存在支付能力不足、沒有決策權等問題，再就是推脫之詞。所以此時業務員應該透過詢問客戶，了解客戶猶豫的真正原因，再對症下藥。

比如，「先生，我剛才的介紹哪裡解說得不夠清晰，所以您說您要考慮一下？」

(2) 假設法

有的顧客不存在產品認識的問題，只是性格上喜歡猶豫不決。此時可以採用假設法，向顧客說明如果馬上成交，顧客能夠得到什麼好處，如果推遲購買，可能會失去什麼利益，讓顧客分清利害，打消顧慮。

比如，「先生，您一定是對我們的產品比較感興趣。如果您現在購買，可以獲得 95 折的優惠。我們每個季度只有一次這樣的促銷活動，現在購買這款產品的顧客很多，如果您不盡快決定，會……」

(3) 直接法

在對顧客的情況有了充分的了解後，可以直截了當地向顧客提出疑問，尤其是對男士購買者存在價格疑慮時，直接法可以產生激將的效果，促使客戶盡快做出購買決定。

比如，「先生，說真的，應該不是錢的問題吧？或您是在推脫吧，想要躲開我吧？」

場景二：顧客說：「太貴了。」（如圖 5-4 所示）

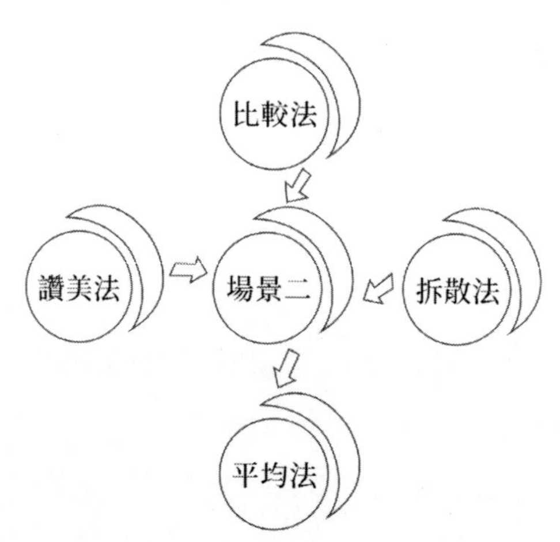

圖 5-4 場景二：顧客說：「太貴了。」

(1) 比較法

與同類產品進行價格比較。

比如，「市場上 XX 牌子的價格是 XX，這個產品比 XX 牌子便宜很多啊，品質還比 XX 牌子的好。」

與同價格的其他物品進行價值比較。

比如，「XX 元現在可以買 a、b、c、d 等幾樣東西，而這種產品是您目前最需要的、最實用的。」

(2) 拆散法

將產品的幾個組成部件拆開來，一部分一部分來解說價格，每一部分都不貴，合起來就更加便宜了。

(3) 平均法

將產品價格分攤到每月、每週、每天，買名牌產品可以用多久，而買一般產品可以用多久，平均到每一天，買名牌產品顯然更划算。

比如，「這個產品您可以用多少年呢？按 XX 年計算，實際，您每天花 XX 元，就可獲得這個產品，值得！」

(4) 讚美法

透過讚美滿足顧客的優越感，引導客戶感性消費。

比如，「先生，一看您就知道平時很注重 XX（如儀表、生活品味等），不會不捨得買這種產品或服務的。」

場景三：顧客說：「市場不景氣。」（如圖 5-5 所示）

相對法　化小法　例證法

圖 5-5 場景三：顧客說「市場不景氣。」

(1) 相對法

引導顧客認知行情景氣與否是相對的，很多成功者都擅長逆市操作，在別人買入時賣出，在別人賣出時買入。行情不好時更需要勇氣和智慧做出決策，許多很成功的人都在不景氣的時候建立了成功的基礎。

(2) 化小法

引導客戶不必過分誇大市場行情的影響，環境的變化個人無法左右，對每個人來說在短時間內只能遵照慣例，按部就班。這樣將大事化小，進行淡化處理，減少經濟環境對交易的影響。

比如，「這些日子有很多人談到市場不景氣，但對我們個人來說，並沒有太大的影響，所以說也不會影響您購買 XX 產品的。」

(3) 例證法

舉成功者的例子，舉身邊的例子，舉領導者的例子，舉名人的例子，透過列舉人群中具有代表性的意見領袖的購買行為，為顧客樹立參照效仿的榜樣，讓顧客產生嚮往，放下思想包袱，盡快購買。

比如，「先生，XXX 人 XX 時間購買了這種產品，用後感覺 XX（有

XX 評價，給他帶來了 XX 改變）。今天，您有相同的機會，作出相同的決定，您願意嗎？」

場景四：顧客說：「能不能便宜一些？」（如圖 5-6 所示）

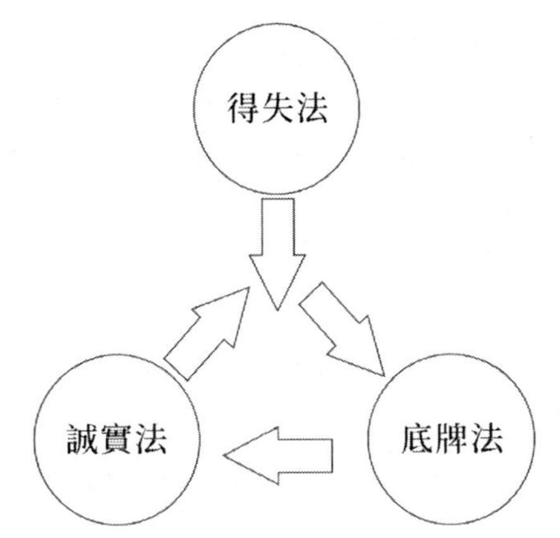

圖 5-6 場景四：顧客說：「能不能便宜一些？」

(1) 得失法

讓顧客明白任何交易都是一種投資，有得必有失，應該有正確的得失心。

單純以價格來進行購買決策是片面的。只看價格，會忽略品質、服務、產品附加價值等，會給自己帶來很多遺憾。

比如，「您認為某一項產品投資過多嗎？但是投資過少也有它的問題所在，投資太少，所付出的就更多了，因為您購買的產品無法使您得到預期的滿足（無法享受產品的一些附加功能）。」

(2) 底牌法

透過亮出底牌，表明自己已經沒有議價空間，讓顧客覺得這種價格在合理的區間內，購買的話不會吃虧。

比如，「目前這是全國最低的價位，優惠已經最多了，您要想更低的價格，我們實在沒辦法。」

③誠實法

所謂一分錢一分貨，要讓顧客明白在這個世界上很少有機會以非常低的價格買到最高品質的產品，與「便宜無好貨」是同一個真理，告訴顧客不要存有這種僥倖心理。

比如，「如果您確實需要低價的，我們這裡沒有，據我們了解其他地方也沒有，但有稍貴一些的 XX 產品，您可以看一下。」

場景五：顧客說：「別的地方更便宜。」（如圖 5-7 所示）

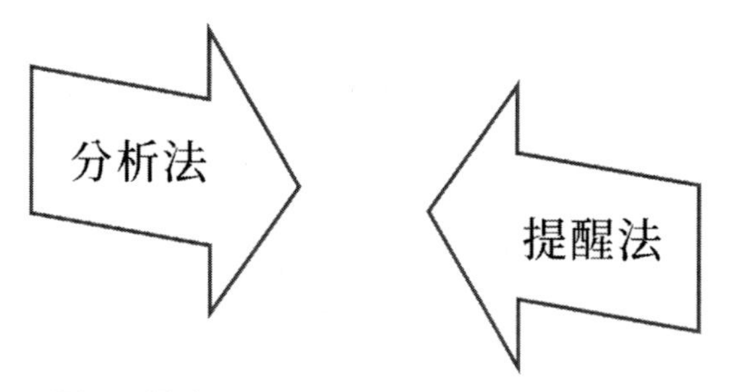

圖 5-7 場景五：顧客說：「別的地方更便宜。」

①分析法

大部分顧客在做購買決策的時候，通常會了解三方面的情況：產品的品質、產品的價格和產品的售後服務。業務員需要對這三個方面進行綜合分析，打消顧客心中的顧慮與疑問。

比如，「先生，那可能是真的，畢竟每個人都想以最少的錢買最高品質的商品。但我們這裡的服務好，可以幫忙進行 XX，可以提供 XX，您在別的地方購買，沒有這麼多服務專案，您還得自己花錢請人來做 XX，這樣又耽誤您的時間，又浪費錢。」

(2) 提醒法

提醒顧客現在假貨氾濫，不要貪圖便宜而遭受損失。

比如，「產品品質與價格你更看重哪一項呢？你願意犧牲產品的品質只求便宜嗎？如果買了假貨豈不會得不償失？你願意放棄我們公司良好的售後服務嗎？先生，有時候多投資一點，獲得真正要的產品，這也是蠻值得的，您說對嗎？」

場景六：顧客說：「沒有預算（沒有錢）。」（如圖 5-8 所示）

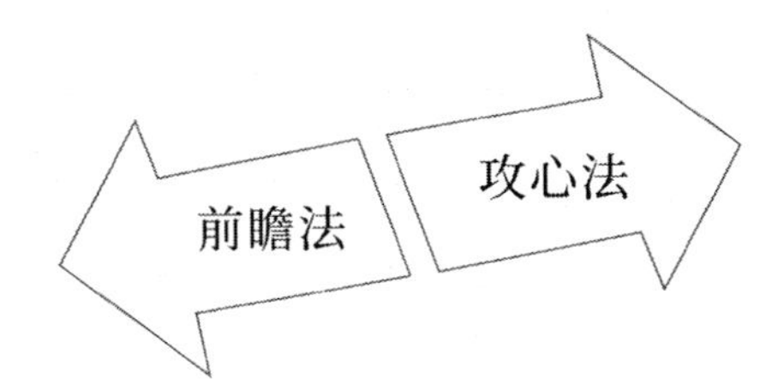

圖 5-8 場景六：顧客說：「沒有預算（沒有錢）。」

(1) 前瞻法

向顧客強調產品能帶來的利益，鼓勵顧客為了獲得產品利益儘早調整預算，促成購買。

比如，「先生，我知道預算是幫助公司達成目標的重要工具，但我們需要靈活地使用工具來創造價值，您說對嗎？XX 產品能幫助您公司提升業績並增加利潤，還是根據實際情況來調整預算吧！」

(2) 攻心法

分析產品不僅可以給顧客自己帶來好處，而且還可以給周圍的人帶來好處。購買產品可以得到上司、家人的喜歡與讚賞，如果不購買，將會失去這些好處。尤其對一些公司的採購部門，可以告訴他們競爭對手在使用，已產生什麼效益，不購買將會在競爭中落後。

場景七：顧客說：「它真的值那麼多錢嗎？」（如圖 5-9 所示）

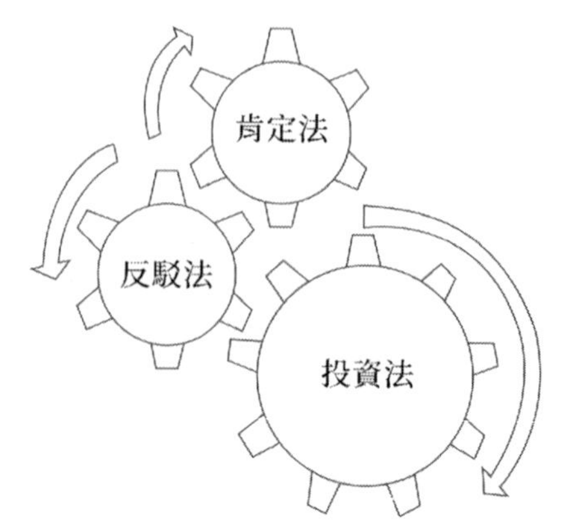

圖 5-9 場景七：顧客說：「它真的值那麼多錢嗎？」

(1) 投資法

讓顧客明白購買決策就是一種投資決策，普通人是很難在短期內對投資預期效果作出正確評估的，都是在使用或運用過程中逐漸體會、感受到產品或服務給自己帶來的利益。既然是投資，就要看長期的價值，現在也許只有一小部分作用，但對未來將發揮很大的作用，所以它值得！

(2) 反駁法

利用反駁，讓顧客確信自己的購買決策。

比如，「您是位眼光獨到的人，您現在難道懷疑自己嗎？您的決定是英明的，您不信任我沒有關係，您應該相信自己的決定。」

(3) 肯定法

斬釘截鐵地告訴顧客這個產品價值這麼多錢。再透過對比分析、例證分析等方法向顧客講解產品價格，以打消顧客的顧慮。

場景八：顧客說：「不，我不需要……」（如圖 5-10 所示）

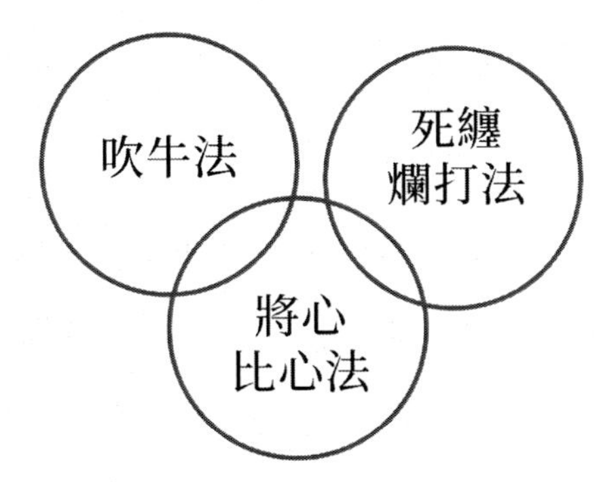

圖 5-10 場景八：顧客說：「不，我不需要……」

(1) 吹牛法

吹牛是講大話，銷售過程中的吹牛不是讓業務員說沒有事實根據的話、講假話。而是透過適當誇張的表達技巧，讓顧客看到業務員的信心和決心，讓顧客感覺到業務員的專業性和服務優勢，並贏得客戶的信任。

比如，「我知道您每天有許多理由拒絕了很多業務員的推薦。但我的經驗告訴我：沒有人可以對我說不，說不的人最後都成為我的朋友。當他對我說不，他實際上是對即將到手的利益說不。」

(2) 將心比心法

其實業務員向顧客推銷產品遭到拒絕時，可以將自己的真實處境與感受講出來與顧客分享，爭取顧客的同情和理解，獲得更多的溝通機會，並促成購買。

比如，「假如有一項產品，顧客很喜歡，而且非常想要擁有它，您會不會因為一點小小的問題而讓顧客對您說不呢？所以，先生，今天我也不會讓您對我說不。」

③死纏爛打法

銷售的過程是不可能一蹴而就的，顧客總是下意識地拒絕別人，所以業務員要堅持不懈、持續地向顧客進行推銷。同時如果顧客一拒絕，業務員就撤退，顧客對業務員也不會留下什麼印象。

方法是技巧，方法是捷徑，但使用方法的人必須做到觸類旁通、舉一反三。這就要求業務員在日常銷售實踐中有意識地利用這些方法，進行現場操練，達到「條件反射」的效果。當遇到客戶異議時，不需要太多的思考，就可以出口成章從容應對。到那時，在顧客的心中才真正是「除了成交，別無選擇」！

化解顧慮並消除購買抗拒的方法

客戶在了解產品的過程中往往會產生各式各樣的顧慮，從而影響客戶遲遲難以做出購買決策，客戶的種種顧慮如果得不到有效的化解，則會形成購買抗拒影響最終成交。因而銷售人員需要認真研習化解客戶顧慮和消除客戶購買抗拒的方法和技巧，掃除成交障礙，促使客戶做出購買決定。

1. 化解客戶顧慮的 4 個關鍵步驟

客戶對感興趣的產品產生顧慮的同時，往往會有一定的緊張情緒，並且客戶顧慮往往存在深層的複雜原因。這就需要銷售人員在化解客戶顧慮的過程中，注意掌握溝通的氣氛和節奏，並按照順序循序漸進，如圖 5-11 所示。

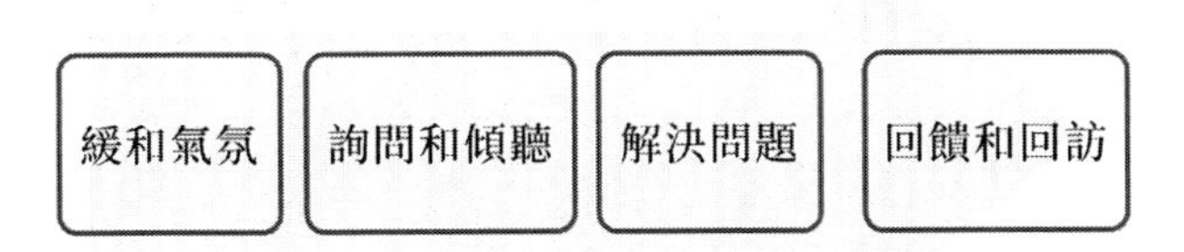

圖 5-11 化解客戶顧慮的 4 個關鍵步驟

(1) 緩和氣氛

客戶存在顧慮的表現便是猶豫不決，其實此時客戶正在進行緊張的分析思考，並且時而提出一些質疑。此時客戶的情緒是比較緊張的，並且對銷售人員有一定的警惕心理。面對這種情況，銷售人員首先應減緩溝通的節奏，並對客戶的部分質疑表示理解，還可以談一些與成交無關的輕鬆話題，不要急於催促客戶購買，讓溝通的氣氛變得輕鬆融洽。

(2) 詢問和傾聽

當客戶的情緒放鬆以後，也就對銷售人員有了一定的信任，溝通意願就會提高。此時銷售人員可以透過詢問和傾聽，了解客戶存在哪些顧慮，各種顧慮產生的原因以及客戶期望的解決方式。在溝通的過程中，應充分尊重客戶的表達權利，盡量不要打斷客戶的講話，並且認真做好詳細的記錄。

(3) 解決問題

在充分了解客戶顧慮的來龍去脈以後，銷售人員應運用各種有力的證據和例子消除客戶的誤會，也可以在自己的職權範圍內滿足客戶部分要求，幫助客戶解決問題，化解客戶的顧慮，贏得客戶的信任。

(4) 回饋和回訪

銷售人員在化解客戶顧慮的過程中，能現場解決的問題盡量現場解決，現場解決的問題越多，越容易贏得客戶的信任。對於自己無法現場解決的問題，應做好紀錄並及時回饋給公司，還要告知客戶什麼時間回覆他。在公司提出了解決問題的建議以後，應盡快地透過電話或是回訪的方式與客戶溝通。

2. 消除客戶購買抗拒的 7 個方法

客戶購買抗拒的背後是各種主觀的反對意見，銷售人員消除客戶的購買抗拒的過程實際就是反駁客戶的過程，然而沒有人願意受到別人的反駁。

所以，銷售人員應該講究溝通的策略和方法，巧妙地反駁客戶，並讓客戶接受自己的觀點，達成交易。圖 5-12 是消除客戶購買抗拒常用的 7 種方法。

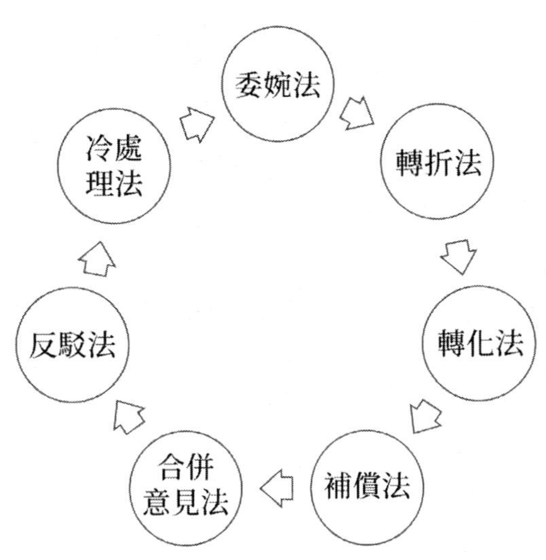

圖 5-12 消除客戶購買抗拒的 7 個方法

(1) 委婉法

消除客戶的購買抗拒的過程是不可能一蹴而就的，銷售人員在沒有思考好如何答覆客戶的反對意見時，可以先用委婉的語氣重複一遍客戶的意見取得客戶的認可，或是用自己的語言換一種表達方式複述客戶的意見，讓問題顯得不那麼尖銳，從而削弱客戶的對立氣勢，讓氣氛變得融洽，為進一步溝通創造機會。另外，需要注意，在複述客戶意見時可以改變語言風格但不要曲解客戶的意思，那樣只會引起客戶的反感。

客戶抱怨：「產品價格比去年高了很多啊，漲幅怎麼這麼大啊？」銷售人員可以這樣說：「是的，價格比起前一年的確提高了。」然後再等客戶進一步表達自己的期望和需求。

(2) 轉折法

轉折法是指銷售人員根據相關事實和理由間接否定客戶的意見，並提出自己的觀點。運用轉折法就是要首先認同客戶觀點有一定的合理性，向客戶做出一定讓步，然後再表達自己的看法。在與客戶溝通的過程中應注意保持融洽的溝通氣氛，並且在表達自己的觀點時，說話不要說得太死，要留有一定的餘地，以免客戶提出更多的反對意見時，自己沒有解釋的機會。

客戶提出銷售人員推薦的服裝顏色過時了，銷售人員不妨這樣回答：「小姐，您的記憶力真是好，這種顏色確實是幾年前最為流行的。想必您也知道，服裝的潮流是經常輪迴的，現在這種顏色重新流行的跡象非常明顯。」

這樣就輕鬆地否定了客戶的觀點，從而消除了購買抗拒。

(3) 轉化法

客戶的反對意見往往是具有雙重性的，它既有可能阻礙成交，又有可能創造成交的機會。轉化處理法，就是利用客戶的反對意見的積極因素去抵消其消極因素，將客戶的反對意見轉化為肯定意見，來消除客戶的購買抗拒。運用轉化處理法的過程中應注意態度溫和，不要使用敏感的詞語，不要傷害客戶的情感。

(4) 補償法

補償法的要點在於對客戶進行心理上的補償，讓客戶獲得心理上的平衡。

有時客戶的反對意見的確會指向產品或公司服務中的缺陷，此時迴避或直接否定客戶的意見並不能解決問題。最為明智的做法是首先坦誠承認產品或服務的缺點，然後透過強調產品或服務的優點來補償甚至抵消這些缺點，進行淡化處理。讓客戶達到一定程度的心理平衡，從而消除客戶的購買抗拒，促使客戶作出購買決策。

當公司的某款產品確實存在品質問題，而客戶恰恰提出：「這款產品品質不是太好。」銷售人員可以從容地對客戶說：「這款產品確實有點品質瑕疵，所以公司才降價出售。公司不但提供了大幅度的價格優惠，還提供了完善的售後服務，保證產品品質問題不影響您的使用效果。」這樣一來，既化解了客戶的疑慮，又產生了強大的價格吸引力。

(5) 合併意見法

有時候客戶會在不同的時間提出多種反對意見，如果逐一進行處理，很容易讓問題顯得很複雜，溝通效率也很低。面對這種情況，銷售人員應找到問題產生的根本原因，把客戶的幾種意見整合為一個意見，制定出解決的對策後，找一個時間與客戶溝通集中處理，讓問題顯得簡單一些，削弱反對意見的複雜性對客戶的影響。

人的思維都是有連帶性的，經常會由一個反對意見衍生出更多反對意見。因此銷售人員在運用合併意見法時，要注意在回答完客戶的反對意見後立即轉移話題，不要在一個問題上持續討論，糾纏不清讓問題更加複雜。

(6) 反駁法

反駁法，是指銷售人員根據事實直接否定客戶的反對意見的處理方法。

直接反駁客戶有可能會引起客戶的對立情緒，使溝通氣氛僵化，不利於進一步的溝通互動，客戶也不太容易接受銷售人員的建議。但如果客戶的反對意見是由於對產品的誤解而產生的，而銷售人員又有充分的證明來消除客戶的誤解，採用直言不諱的方式，反而會直截了當地解決問題。

但要注意在與客戶溝通的過程中，要透過有權威性的資訊和有影響力的例子來增加說服力，同時還要語氣堅定，讓客戶感受到你的自信，從而增強客戶對產品的信心。另外，還要保持親切友好的態度，減少客戶的心理壓力，避免使用敏感的詞語以免傷害顧客的自尊心，影響成交。

(7) 冷處理法

其實客戶的很多反對意見並不影響成交，對於這些意見，行銷人員不要草木皆兵，最好採用不理睬的方法來處理，千萬不要反駁。如果客戶一提出反對意見，銷售人員就立即反駁或採用其他方法處理，很容易讓客戶認為你是在挑他的毛病。當遇到客戶抱怨你的公司或同事或其他與成交無關的問題時，你大可不予理睬，轉而談自己關心的問題。

客戶說：「啊，原來你是 XX 公司的銷售代表啊，你們公司周邊的環境太差了，路也不好走！」儘管事實並不是這樣的，你也沒有必要與客戶理論。

你可以說：「先生，請您看一下我們公司的新款產品……」

國外的行銷專家認為，在行銷實務中 80%的反對意見都應該進行冷處理。需要注意的是不理睬顧客的反對意見，並不等於不關心客戶，在忽略客戶的反對意見轉換到自己關心的問題時，要做到親切自然，不要引起客戶的反感。另外，銷售人員應謹慎地掌握好分寸，不要錯誤地忽視與客戶購買密切相關的反對意見，弄巧成拙喪失成交機會。

客戶顧慮與購買抗拒是銷售人員的永恆課題，銷售人員需要在自己的行銷實務中反覆研習化解客戶顧慮和消除客戶購買抗拒的方法和技巧。並要結合自己的產品特點和目標客戶的特點，找出適合自己的有效方法和技巧，掃除成交障礙，創造良好業績。

第六部分

成功促成交易

催眠式銷售

以前催眠術主要應用於心理治療領域，現在催眠術已經越來越多地應用到商業行銷領域，交談式催眠已經成為一種重要的銷售說服技巧。

在與客戶溝通的過程中恰當地運用催眠術，可以有效地減少客戶抗拒，讓客戶更容易接受我們的推薦，從而更順利地實現商品銷售。

說起催眠，人們通常會想起電視上催眠表演的精采畫面，而在實際的銷售工作中，業務員主要是使用交談式催眠的方法，透過交談使客戶進入一種注意力高度集中的狀態，此時客戶更容易接受銷售意見的影響，銷售語言會更加具有吸引力與推動力。

其實在現實生活中人們經常會進入不同程度的催眠狀態。比如，我們在看一本書或是精采的電影時，會出現短暫的注意力集中，感覺非常放鬆入神，實際上就是進入了輕度催眠的狀態；而精采刺激的電子遊戲會讓玩家的注意力更加集中，此時玩家對周圍的事物基本是視而不見的，甚至還會產生想像或幻覺，事實上此時玩家已經進入了中度催眠的狀態；在舞台表演中的被催眠者身體像鐵板一樣僵硬，則是進入了深度催眠的狀態。

在銷售工作中銷售人員主要透過交談使客戶到達輕度或中度催眠狀態，在這種狀態下客戶清醒地知道自己在想什麼做什麼，而同時他們的內心抗拒會減少很多，也變得更容易接受銷售人員的銷售推薦，從而能夠更順利地實現商品銷售。

以下是催眠式銷售的基本技巧，如圖 6-1 所示。

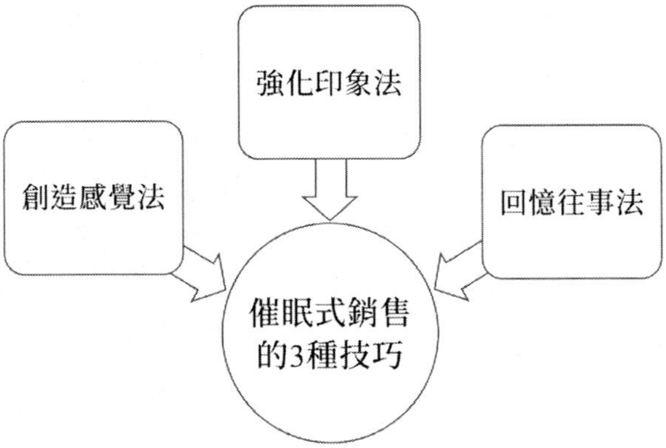

強化印象法

創造感覺法

回憶往事法

催眠式銷售的3種技巧

圖 6-1 催眠式銷售的 3 種技巧

1. 創造感覺法

恍惚是在人們現實生活中經常體驗到的一種催眠狀態，它是透過語言描繪在人們心裡創造一些聲音、氣味、影像、感覺等。古代的說書人就非常擅長在講一個故事的過程中把人物的動作、神情、聲音、服飾、兵器、坐騎都活靈活現地描述出來。

透過生動形象的描述抓住聽眾的注意力，並能運用充滿魔力的語言帶動聽眾的情緒，或喜或悲，或褒貶時弊。在我們想像中午吃什麼或是下班後做什麼的時候，在自己的頭腦中排練如何與客戶溝通的時候，在聽朋友描述某段有意思的經歷的時候……我們實際上就進入了恍惚狀態，也就是輕度或中度的催眠狀態。而我們在銷售工作中就是要運用創造感覺的方法，讓客戶進入這樣一種狀態。

在商品交易的過程中，表面上客戶購買的是有形的產品，實際上是購買產品背後無形的價值和感覺。曾有一位香水大師在晚年透露了自己的商業機密：人們所購買的不是一個產品，人們真正需要的是感覺。鮮花的金錢價值並不高，但情人間贈送鮮花所創造的浪漫感覺，會讓女士對鮮花百般珍愛。名牌服飾的材質做工未必比一般的中上等服飾高很多，而品牌帶來的尊貴感覺卻是無可比擬的。所以，銷售人員應該認真研究自己的產品或服務，仔細研習創造感覺的語言藝術，透過聲音、影像、聲音、氣味、口味、感受等多種生動的感官描述，為客戶創造良好的購物感覺。他們購買產品後會獲得什麼樣的便利？他們會聽到親朋好友什麼樣的評價？他們的精神面貌會發生什麼變化？他們會有什麼樣的尊貴體驗？他們會有什麼樣的味覺和嗅覺體驗？創造感覺的語言藝術的魅力在於，客戶即使認識到銷售人員是在運用技巧，還是會忍不住心動並嘗試。

以推銷汽車為例：作為一個熟練的汽車業務員，你可以讓客戶彷彿看到自己駕駛新車行駛在林蔭大道上；你可以讓客戶看到當他驅車進入家門口時鄰居們羨慕的目光；你可以讓客戶看到他的妻兒坐在新車上時幸福的微笑；你可以讓客戶聽到新車播放的震撼樂曲；你還可以讓客戶感到自己駕駛新車行駛在風景如畫的美麗鄉村公路上，秀美山川在車窗外閃過，鳥語花香一路同行。

2. 強化印象法

在我們需要突出強調自己產品中的某些競爭優勢時，就可以運用強化印象的方法。強化印象法的關鍵在於告訴客戶他們將要記住什麼。銷售人員在與客戶溝通的過程中可以使用一些短句達到強化印象的目的：「你應該不會忘記」、「這很難忘掉」、「這麼精美的東西，會讓人終生難忘」、「相信你一定會記住」、「這將會讓你回味無窮」。還可以使用間接表達的技巧，如「你的父母會因此而感動很久的」、「你的孩子會永遠記得在他美好的童年，你曾經送給他這樣一份值得珍藏的禮物」。銷售人員還可以透過講述催眠性的故事，描繪效果長久的感人畫面，來強化客戶的印象。在實際運用中通常會把創造感覺法與強化印象法結合起來，使銷售語言更具有推動力和感染力。

銷售減肥產品的推銷人員可以對自己的客戶說：「你瞧，今晚當你躺在床上時，你會想到在你進入深度睡眠的時候脂肪都在自動燃燒，想像一下變瘦以後的輕鬆感覺是多麼痛快和舒服。」在描述的過程中，推銷人員可以仰一下頭，深吸一口氣，雙目微閉，表現得非常陶醉，就好像自己在親身體驗那種一身輕鬆的快感，為客戶描繪動人的場景。如果推銷人員沒有提及這句話，到了晚上客戶躺在床上時，會像往常一樣不會特意想起減肥套餐。透過運用強化印象法，當客戶晚上準備入睡的時候，就很有可能會想起推銷人員推薦的減肥套餐了。

強化印象法，還可以運用在競爭性推薦中，如競爭者的產品價格比自己的產品略貴，競爭者可能會說：「每天僅需多花 10 塊錢。」這聽起來貴得並不多。推銷人員可以使用加強印象的技巧說：「我認為你是非常細心的，相信你會清楚地記得，你購買的產品一年要多支出 3,650 元呢，那可是不小的花費呢！」

3. 回憶往事法

在人們回憶往事的時候，非常容易進入一種入神的狀態，此時人們的感情大都較為衝動，比較容易受到影響。優秀的銷售人員、宗教領袖和政治家都非常擅於引導人們回憶往事，並把自己的一些想法融合到聽眾的回憶當中。引導一個人回憶一段愉快的往事，甚至可以讓他變得像孩童般開心和激動。我們來看一個例子。

業務員：「你還能記起什麼時候有了自己的第一輛腳踏車和當時的情景嗎？」

顧客：「當然啦！那是在我 8 歲的時候，我爸爸送給我的生日禮物，那是一輛白色的腳踏車，我騎著它在街區裡轉了兩個多個小時。那天整整一個晚上我都激動得難以入睡，我實在是太快樂了。」

業務員：「那可真棒，確實讓人激動。我想這樣一個全新的滑雪板，會給你帶來同樣的感覺，它可以幫你找回童年一樣的快樂。」

讓客戶回憶「從前美好的時光」，引發客戶的美好感覺，再把這種感覺與自己行銷的產品連繫起來，是促使客戶購買產品的好方法。進入愉悅心境的人，心情更開放，也更樂於透過小小的放縱性的消費來滿足自己。

有時，銷售人員也可以運用負面的形象來推動客戶購買產品。以推銷「保全系統」為例，推銷人員可以引導客戶的反面形象回憶，來提醒客戶以前的安全放心的感覺：「還記得十幾年以前嗎？那時你可以整天不鎖門，鑰匙直接放在門前的墊子下面，炎熱的夏天敞開門睡午覺也沒什麼好擔心的。」

當客戶回憶起曾經的那份安全感時，推銷人員可以引導客戶認識到現在怎樣才能獲得往日的安全感，也就是把自己的「保全系統」與這種安全感連繫起來。人們總是追求快樂逃避痛苦的，把客戶的快樂和方便的回憶與購買產品連繫起來；把客戶的痛苦和不便的回憶與沒有使用相關產品連繫起來，是影響客戶購買決策的重要因素。

創造感覺、強化印象和引導回憶往事等催眠式銷售技巧的組合來運用，可以使銷售語言充滿感染力和推動力。推銷人員應該經常研習這些技巧，讓它變成自己語言中的一部分，從而提高銷售工作的溝通效率。

超音速行銷心智模式

有 4 個業務員接受了同一項任務，到廟裡向和尚推銷梳子。第一個業務員空手而回，他說，廟裡的和尚沒頭髮，也不需要梳子，所以一把也沒有賣出去。

第二個業務員回來了，賣了十多把梳子。他分享說：「我告訴和尚，頭皮要經常梳梳才能健康。經常梳頭皮，不僅能止癢，還能活絡血脈，有益健康。您要是念經念累了，梳梳頭還能讓頭腦清醒呢。」就這樣，他成功賣掉了一部分梳子。

第三個業務員回來後，一下子賣掉了幾十把梳子。在講授經驗時，他介紹了自己的祕訣：「我到廟裡去，對那裡德高望重的老和尚說，您看這些香客多虔誠呀，不停地在各個神像前燒香磕頭。不過，磕幾個頭起來，頭髮就亂了，也會有香灰落在頭髮上。您要是在每個廟堂前放一些梳子，香客們磕完頭、燒完香，就可以梳梳頭，整理一下儀容。這樣一來，香客們會感到寺廟對香客的關心和尊重，下次還會再來。」老和尚聽了，就一下子買了幾十把梳子，在每個廟堂前都放了一些梳子。

第四個業務員從寺廟回來後，帶來了幾千把梳子的訂單，而且還與寺廟簽訂了長期供貨協定。他說：「我到廟裡，對老和尚說，廟裡經常接受香客們的捐贈，也要回報他們的餽贈和慈悲之心，不如準備好一些小禮物作為回贈的禮品。您看，梳子作為一種日常用品，是每個香客都用的到的，價格又不貴，正適合作禮品。您還可以在梳子上寫上寺廟的名字，再寫上『積善梳』三個字，為香客祈福、保佑平安，這樣一來肯定能讓廟裡香火更旺。」

就這樣，他這一下就賣掉好幾千把梳子，而且還帶來了長期供貨的訂單。

對於一個沒有經過任何市場調查、而且在行銷過程中不會動腦子的業務員來說，他們會自然而然地認為和尚是剃了度的，把梳子賣給他們簡直是不可能的事情，就如同第一個業務員。然而，那些願意思考、懂得運用高效行銷心智模式的銷售人員，卻能夠迅速地了解市場，創造市場，發現更多、更新鮮的商機。就比如案例中的第二、第三、第四個業務員，他們都是在行銷中懂得運用心智解決問題的人，不同的是心智模式各有差異，而毫無疑問的是第四個業務員是最具有行銷心智的人，能夠迅速地發現更大的商機，引導客戶促成交易。那麼，對於行銷人員而言，怎樣才能成功運用超音速行銷心智模式，取得行銷成功？

1. 從生活細節中發掘靈感

也許有的行銷人員會覺得，商機並不是說有就有的，一個聰明的腦袋或者好點子也不是誰想要都能獲得的，其實這種想法有點偏頗，要知道所謂的商機或者好點子往往只是隱藏在我們生活點滴中的一粒小小的珍珠，只要你足夠有心、用心、細心，在不經意的時候也許就能開啟一扇光明的心智之門。

彭尼是美國一家零售商店的老闆。一開始，商店的生意很不景氣，以至倉庫裡堆滿積壓的貨品，成了老鼠棲身地。彭尼不得不經常到倉庫裡抓老鼠。而就在滅鼠的過程中，他發現了一種奇特的現象：「往往在一個老鼠洞裡有一窩老鼠，但很少發現有單獨居住的老鼠。

彭尼是精明的生意人，善於把一些奇特的點子運用到經營中來。這一次，他覺得自己的行銷心智模式突然開啟了。於是，他在一塊板子上鑿了 5 個洞，分別編上 10%、20%、30%、40%、50%的號碼。再在板子後面放上一排瓶子，瓶子裡裝著他從倉庫裡捕捉的老鼠。當他把這些放在櫃臺上時，果然吸引了很多顧客看熱鬧。彭尼對圍觀的顧客說：他把瓶子裡的老鼠放出來，老鼠鑽進哪個洞，便照標示的折扣出售商品。

圍觀的顧客感到非常有趣，都紛紛要求購貨。彭尼便一次次地放出老鼠。

老鼠們分別鑽進了一個個洞裡，但奇怪的是，這些老鼠鑽進的都是降價 10%或 20%的洞，從不去鑽 30%或 40%的洞。

看到這裡，顧客們紛紛議論：「難道這些老鼠經過特殊訓練的嗎？」彭尼笑容滿面地說：「這一點請大家放心，我也沒有那麼大的本領來訓練老鼠。」

的確，彭尼從來沒有對老鼠進行過特殊訓練。他所利用的只是老鼠喜歡群居的特性，在想要讓牠們鑽的洞上塗上老鼠的糞便，老鼠聞到糞便的氣味，以為洞裡有自己的同類，自然就鑽進了彭尼想讓牠們鑽的洞裡。

顧客都是流動性的，誰也沒有時間對彭尼的辦法深入研究，因此也沒有人能看透真相。而每個顧客而言，他們在購物時，不僅能夠看到老鼠鑽洞的表演，還能贏得 10%或 20%的優惠，自然也就心滿意足了。就這樣，不久之後，彭尼的庫存貨物就銷售一空。

有人說，「生活中不是缺少美，而是缺少發現美的眼睛」，對於行銷人員而言，這句話應該是「行銷中從來不缺少創意點，只是缺少發現創意點的眼睛」。一個失敗的商人透過觀察到老鼠的群居特性，就能創造一次成功的心智行銷模式，那麼還有什麼是不可能的？從生活和工作細節中去發現靈感，你會慢慢學會開啟自己的超音速心智模式，取得行銷工作的成功。

2. 善於思考，能常人所不能

新鮮的創意可以是不拘一格的，其來源也有多種方式，其中最關鍵是要在實踐中學會思考。要知道，成功的行銷模式更多來源於實踐中的需求，而不是憑空的想像。為了創新而創新，可以作為娛樂，但是放在商業領域，創意就必須考慮使用者的實際需求。所以，創意的出發點是使用者的需求，這也是它的核心，同時所有的創意誕生都離不開思考。

法國的白蘭地在世界上享有盛名，然而，在 1950 年之前，它在美國市場上還是一片空白。酒的品質是沒話說的，為什麼就是無法開啟美國市場呢？這也是當時的行銷大師所煩惱的問題。後來，經過反覆的調查和思考之後，行銷小組終於找到了問題的癥結。

原來，在當時的情況下，美國消費者出於對民族企業的保護，以及本能的排外心理，才難以接受法國酒的進入。在了解原因後，當時的行銷小組為了將法國白蘭地酒成功地打入美國市場，精心策劃了一次聲勢浩大的行銷活動。

行銷小組決定，在美國總統艾森豪（Dwight Eisenhower）67 歲壽辰這一天，用專機將兩桶窖藏長達 67 年的白蘭地酒空運到美國，作為壽禮獻給總統，同時還為此展開了一場聲勢浩大的宣傳活動。就這樣，在總統壽辰一個多月之前，美國民眾都從各種傳媒上獲得了這個訊息。一時間，法國白蘭地被新聞界炒得沸沸揚揚，成了人們街頭巷尾的熱門話題，大家都翹首以待那兩桶珍貴名酒的到來。

當運酒的專機抵達華盛頓的時候，整個城市到處呈現出一片歡騰的節日氣氛。街道兩旁豎立著彩色標版：「歡迎您，尊貴的法國客人」、「美法友誼令人心醉！」沿街掛滿了美法兩國的國旗，白宮周圍人山人海，人們笑容滿面，揮動著法國國旗，等待著「貴賓」的到來。

白蘭地酒的贈送儀式在白宮的花園裡隆重舉行。四名英俊的法國青年身著傳統的宮庭待衛服裝，抬著兩桶白蘭地正步前進，步入白宮。艾森豪總統親自駕到，帶領一班政府官員，滿面笑容地接受了這份厚禮。周圍的人沸騰起來，歌聲、笑聲和歡呼聲響成一片。

此後，美國總統又多次在國宴上用白蘭地酒招待各國客人，義務充當了這種酒的「業務員」。這樣法國白蘭地成了法美友誼的象徵，許多美國人以能夠嘗到正宗的白蘭地而感到自豪。很快，白蘭地酒在各種宴會、賓館、商場，以及家庭餐桌上頻頻出現，在美國的酒類市場上占據了一席之地。

法國白蘭地在美國市場上的成功，相當程度上要歸功於行銷小組的創意策劃。這個策劃的最大奧祕就在於一個「情」字，以感情的連結把白蘭地酒與美國民眾連繫起來。白蘭地的最初登場，不是作為「商品」推銷給美國人，而是作為「禮品」奉送給美國人，這一舉動成功打破了美國民眾普遍存在的「抵制外國貨」的心理。

每個行銷人員都應該牢牢記住，行銷不僅是一項體力活，需要每個行銷人員從基礎做起，從一點一滴做起，從一次次地拜訪客戶、一次次的解說做起，它更是一項腦力活，需要你學會思考和動腦筋，需要你逐步開啟自己的高效行銷心智模式，用「心」和「腦」獲得事倍功半的行銷效果。

非語言溝通，察言觀色

每個思想意念都會引發人的生理反應，憂傷和焦慮有可能會引發胃潰瘍，長時間的高度緊張和憤怒可能會引起心臟病發作，而無私的愛則會造成治療的作用。由於思想意念會引發人的生理反應，使得我們可以透過分辨別人的生理反應來解讀他們的思想意念。

著名人類學家、現代非語言溝通首席研究員雷·伯德威斯特爾（Ray Birdwhistell）指出，在典型的兩個人的談話或交流中，口頭傳遞的訊號實際上還不到全部表達意思的35%，而其餘65%的訊號則需要透過非語言訊號的溝通來傳遞。在銷售工作中掌握察言觀色的技巧，便可以有效地探尋客戶的內心世界，從而更好地了解我們的客戶，依賴非語言溝通的力量，我們可以更好地贏得客戶信賴，從而順利地進行產品銷售。

1. 眼神交流

俗話說眼睛是心靈的窗戶，透過觀察分析客戶的眼神移動和眼神的變化，往往可以了解客戶的思維過程，運用適當的眼神交流的技巧可以更好地與客戶建立互信。

(1) 眼神移動的祕密

心理學家發現：人的很多行為都能夠偽裝，但眼神移動所傳遞出來的訊息卻是真實透明的。對於大多數習慣使用右手的人來講，當眼神向右上方移動時，是在創造或構想自己不曾見過的場景或影像。當眼神向左上方移動時，是在回憶真實發生過的場景或影像。當眼神平行向左移動時，是在回憶曾經聽到過的聲音或音樂，向右移動則表明他在創造或構想自己不曾聽到過的聲音或音樂。眼神向左下方移動，表明他是在分析或思考，處於一種自我對話的狀態。當他需要回憶肌肉的感受或是內心的感覺時，眼神則會向右下方移動。

根據這種規律，當某人的語言描述和眼睛透露的訊息一致時，可以判定為真實的表達，如果不一致則意味著他隱瞞了真相。

假設你建議客戶換一輛新車，當你詢問客戶對以前的汽車是否滿意時，如果客戶的眼神向上移然後朝你的右方移動，表明他是在思考和評估自己以前的汽車。如果他立即回神看著你，就可能會講真話。如果他在回答前眼珠上移，先向你的右方移動，然後再移向你的左方，則表明他是在構想汽車的假象，他在準備說謊。

談到價格時，假設客戶說：「另一家店的報價更低一些。」當你詢問更低的報價是多少時，如果他的眼神向你的右方移動，那麼他說出的報價是真實可信的；如果是移向左方，則表明他是在虛晃一槍。

(2) 眼神溝通的技巧

如果客戶聽完產品介紹後，眼睛一亮，並且輕輕點頭時，表示客戶對你的產品介紹比較認可；如果客戶眉毛上揚瞪大眼睛，嘴部肌肉緊繃頭偏向一側，則表示客戶心存疑慮，希望了解更全面的產品訊息；如果客戶微瞇著眼睛，頭部不動，只是盯著你看，表示他並不認同你的介紹，此時你需要提供有力的證據才能取得客戶的信任。

銷售人員在與客戶溝通過程中應盡可能多與之保持目光接觸，特別是在客戶表現得猶豫不決的時候。當客戶對產品有興趣睜大眼睛時，你也要睜大眼睛，透過充分的目光接觸才能吸引客戶的注意力。在溝通的過程中當客戶避免與你正視時，表示他在隱藏自己的真實感受；當客戶感覺無聊時，則會長時間地注視遠方或是表現得目光呆滯。當出現這兩種情況時，銷售人員應開啟新的溝通主題，吸引客戶的注意力。另外在眼神溝通中應盡量避免使用銳利的眼神，如果客戶用銳利的眼神注視你，最好用微笑的眼神回應客戶，這樣更容易取得客戶的認同。

2. 臉部表情

人們常常透過微笑、憤怒、悲傷等豐富的臉部表情互相傳遞訊息，而透過觀察分析客戶的臉部表情，可以更直接地了解客戶的情緒和態度。

口語是人們溝通最為常用的方式，在互動中，許多人即使不說話，仍有很多無意識的嘴部動作，這是一種刺激反應機制。我們在與客戶溝通時，應仔細觀察客戶嘴部肌肉的緊張程度。

如果客戶流露出自然的微笑，表示客戶對我們的產品已經產生了某種程度的認同，此時我們應記住引發客戶微笑的語言，並適時強調重複。

當客戶在頭腦中做數據對比且結果有所矛盾時，肌肉的緊張通常會導致左嘴角緊繃和左眉上揚。而當客戶準備撒謊時，左臉的肌肉往往會緊繃。

另外當客戶的臉突然或逐漸變紅時，表示客戶存在較大的不滿或質疑，此時應謹慎應對；當客戶額頭處青筋暴露時，表示你的語言觸及了客戶情感的敏感地帶，應適可而止。

通常而言那些雙唇緊閉、表情嚴肅的客戶大都較為理性。與理智型的客戶溝通時，銷售人員應盡量避免談與產品銷售無關的話題，在回應客戶的問題時要自信而堅定，避免模稜兩可、左右閃躲。而那些表情變化豐富的客戶則大都比較感性，對於較為感性的客戶，銷售人員應給與更多情緒和情感上的關懷和體貼，多傾聽客戶表達的意見。

3. 肢體語言

客戶在溝通的過程中經常會調整移動自己的身體，或是做出一些手部動作。這些無意識的行為，往往能夠反應客戶真實的喜好厭惡和情緒狀態。

(1) 身體姿態

當客戶感覺你比較親切，對你充滿信任，並對你的產品介紹感興趣時，會坐得更加挺直，並向你靠近或朝你的方向傾斜，反之亦然。當客戶試圖調整身體與你拉開距離或是向後傾斜時，需要放慢溝通節奏，先滿足客戶部分小的需求，運用增進親和力的技巧，表現出真誠熱情的服務態度，引發客戶的情感反應。如果此時因為擔心失去客戶，而加快溝通節奏，往往會適得其反。

與點頭表示肯定、搖頭表示否定相似，當客戶感到無聊、憂慮或是表達不同意時，會左右晃動身體；而當客戶認同並考慮你的推薦或是表達同意時，往往會前後移動身體，其前後移動的頻率越高，認同度也就越高。

在與客戶溝通的過程中，如果客戶身體前傾則表示客戶對你的推薦感興趣，並希望收集更多的產品訊息；如果感興趣的客戶身體後傾，則表示他正在思考分析產品訊息。客戶會首先在潛意識的感覺和情感上表示認同，然後會運用邏輯判斷將感覺合理化。使用情感性的詞語往往會引發客戶的興趣，客戶的身體就會前傾，例如，很高興你能買到滿意的車子。

當客戶身體向後傾時應盡量使用邏輯性的詞語。例如，如果平時工作比較忙的話，選擇這種全自動的洗衣機，可以節省很多時間。

銷售人員在向客戶提供情感性的諮商時身體前傾，提供邏輯性諮商時身體後傾，可以使產品介紹的效果更好。例如，身體前傾對客戶說：「這輛車會給你的家人帶來無比舒適的乘坐體驗。」再身體後傾對客戶說：「卓越的省油效能，會給你帶來很多實惠。」在與客戶溝通時，銷售人員應注意保持站坐挺直，身體放鬆微向前傾，避免向椅子的側邊傾斜。

(2) 手和手臂動作

相比於眼神的移動，手和手臂的動作具有更高的辨識度，當客戶將雙臂緊緊地交叉在胸前時，代表的是抗拒情緒和優越感。另外，握手時手掌朝下、雙手叉腰、十指碰成尖塔狀、向後坐時將雙手放頭或頸後等也是顯示權力和優越感的姿勢。銷售人員在與客戶溝通時應避免做出以上動作。

如果溝通過程中，客戶做出顯示權力的動作，我們應小心行事，我們首先可以透過語言對客戶的權力表示認同，比如可以說：「先生你看上去非常有氣勢，一定承擔著重要的工作吧？」透過這樣的語言可以迎合客戶的優越感。

當客戶做出自我按摩、手掌朝上握手、用手掩蓋臉或嘴部、以手指敲擊物體、十指緊緊交叉、玩頭髮甚至雙手緊搓等手勢動作時，則代表客戶感覺緊張、被動或承受著某種壓力。此時我們應保持輕鬆的態度，也可以效仿客戶的這些動作，讓客戶慢慢冷靜下來自然放鬆緊張的情緒。

而當客戶做出雙臂交叉、握拳、將隨手物品擲向桌面、猛然調整衣服、手指用力指、用手抓自己的衣領等手勢動作時，表明客戶感到憤怒或是反感。銷售人員在介紹產品時，應杜絕使用這些手勢回應客戶，此時應盡快想辦法緩和氣氛，你可以說：「我很希望能為你提供周到的服務，但我一定有遺漏的地方。請把你現在的需求告訴我好嗎？」

當客戶考慮購買你的產品時，往往會將手勢動作集中在下巴或頸部。當客戶用手托著下巴時，他有可能是在分析思考產品的效能特點是否適用。食指觸碰或蓋住嘴唇表示客戶即將做出最終決定。稍後如果客戶面帶微笑，眼睛微閉，則表示他已經做出了購買產品的決定，此時銷售人員應立即假設已經成交，應該透過簡短有力的語言對客戶進行購買確認，避免再做產品說明干擾客戶。

眼神、臉部表情、身體姿勢、手勢等非語言手段，可以表達很多語言交流無法傳遞的訊息，在我們學習如何洞悉客戶心思的同時，客戶也會觀察我們的一言一行。客戶或許無法確定不信任我們的原因，也無法具體指出我們傳達的非語言訊息，但他們就是有不對勁的感覺。如果客戶注意到你在溝通時身體緊繃，他們可能會變得更加緊張。所以銷售人員應在溝通的過程中保持情緒放鬆，面帶微笑，使自己的身心都處於最佳狀態，避免消極的身體語言出賣我們。只有在做好防守的同時，我們才能透過觀察客戶的一舉一動觀察了解到重要訊息，並恰當地利用非語言溝通的技巧向客戶傳達我們的關心和尊重，贏得客戶的信任。

心錨建立法

心理學研究發現，當一個人的心理或者身體狀況處於極度飢餓、興奮或者大喜大悲等這類特殊狀態下時，如果有一個刺激性因素在這個過程中反覆出現，即便這個刺激因素與身心狀態並無直接連繫，人的身體和內心也會潛意識記住這個刺激因素，並且當它再次出現時，身心也將聯想到當時的狀態。

而這種刺激性因素，便稱之為心錨。我們常說的「觸景生情」便是這一心理學概念的最好例證。所謂的「景」便是我們所說的心錨，即刺激性因素。

為了更形象地說明心錨的建立，我們不妨先看看下面這個例子。

有一個人的父親去世了，在葬禮上來了很多親朋好友。大家看到他很傷心，便想安慰他，於是都會拍拍他的肩膀，安慰說：「人死不能復生，節哀順變吧。」就這樣，在葬禮上他被幾十個人拍著肩膀安慰了一番。

兩年後，他過生日那天，有很多親朋好友來祝賀。見面時，又有人拍著他的肩膀，對他表示了一番祝賀之意。然而，他的表情一瞬間卻變得很哀傷。因為，朋友拍肩膀的這個動作，恰恰讓他想起了父親去世時的情景。

在這個例子中，拍肩膀這個動作就是一個心錨，成了他「觸景生情」的刺激性因素。心錨建立可以說是我們在日常生活和工作中經常會遇到的場景，然而對於銷售人員而言，它卻能成為一個絕佳的行銷工具。一方面，心錨建立法能夠幫助你建立自身的正面情緒反應和神經聯想，讓你在行銷工作中處於良好的身心狀態；另一方面，它也能夠讓客戶對你和你的產品建立正面的神經聯想，進而產生強烈的購買欲望。

1. 為自己建立心錨

在行銷工作中，銷售人員在某種程度上做的是一種討人歡心的工作，然而要做到這一點首先要確保自身的身心狀態良好。不過，保持健康、良好的身心狀態，也並不是一件想做就能做到的事情，特別是在快節奏、高強度的工作壓力下，沮喪、失望、羞恥、緊張等負面情緒都會侵蝕銷售人員的身心。想要在任何時候、任何狀態下及時調整好身心狀態，心錨建立法就是一個不得不學的技巧。

下面我們就來看一下為自己建立正面心錨的方法和步驟第一步：為自己設定一個特殊的身體刺激，這個所謂的身體刺激，也就是前面提到的「心錨」、「刺激性因素」或者可以稱之為「誘因」。上面案例中所說的「被人拍一下肩膀」，便是一個心錨。在給自己建立心錨時，你可以自由地為自己設定一個身體刺激的誘因，比如用左手捏一下右手腕，用中等力度捏 5 秒鐘。

要注意的是你所建立的身體刺激，要有一定的精確性，比如確保要捏在同一個位置上，確保直接接觸皮膚，而不是捏在衣服上，這樣才能建立較為準確的身心聯想。

第二步：進入一種你所需要的身體和心理狀態，例如，你所需要的狀態是面對客戶時充滿活力、熱情和自信，那麼你要做的就是利用心錨建立法，迅速讓自己進入這種狀態。因此在日常的心錨建立訓練中，需要練習隨時進入這種狀態。那麼，如何進入狀態呢？

你可以閉上眼睛，回憶一下自己曾經進入這種狀態時的情景，然後用你的聽覺、視覺，內心去感受曾經感受到的那種狀態。這麼做，將會幫助你再現相同的身心狀態。

第三步：將身體刺激與所需要的身心狀態協調同步，當你進入了所需要的身心狀態之後，就可以與第一步設定的身體刺激協調同步了，比如用左手捏右手腕 5 秒鐘。在這種身心狀態接近高峰或者達到高峰的過程中，進行反覆的刺激。

第四步：睜開眼睛，停止刺激，這時候，訓練已經基本結束，你需要轉移注意力，打破之前的訓練狀態。為了徹底打破訓練時的狀態，你可以站起來走動一下，或者想一想其他事情。

第五步：測試心錨建立的成效訓練結束後，為了確保心錨的有效性，你可以測試一下剛剛建立的心錨效果。

測試的方法是：先讓身心進入一種中性狀態（也就是說思維放空，無喜無悲）；

然後對身體進行之前設定的身體刺激，比如左手捏右手手腕。如果這時候你能夠迅速進入心錨的身心狀態，那麼你的心錨建立法就成功了。

按照上面的方法和步驟，你可以為自己建立許多心錨。一般情況下，按照建立心錨的刺激性因素不同，可以將其分為觸覺型心錨（比如我們列舉的「用左手捏右手手腕」的心錨）、嗅覺型心錨、視覺型心錨、味覺型心錨、聽覺型心錨。對銷售人員而言，當你出門拜訪客戶，卻感覺自己沒有自信時，就可以為自己建立一個心錨，比如對著鏡子拍手，喊「Yes ！」

按照上述的步驟和方法建立這樣的心錨之後，你就會發現每當自己面對客戶缺乏自信時，只要拍手喊「Yes」，一股自信感就會油然而生。

2. 給客戶建立心錨

利用心錨建立法給顧客建立心錨，從而拉近與客戶之間的關係，這在銷售活動中是非常有效，甚至所向披靡的，因為人類神經系統的運作是導致情緒反應的根本原因，而建立心錨正是要改變或者影響一個人的神經系統。可以說，心錨的力量能夠影響任何一個人的神經系統和情緒反應，除非對方受過專業的特殊訓練。因此，對銷售人員而言，如果能夠運用好心錨建立法，在與客戶的接觸中就會無往而不利。

有一位名叫小洋的學員，就曾在培訓課上講述了自己與心描建立法結緣的故事。小洋大學畢業後，就到了一家公司當業務員。對於一個初出茅廬的新人而言，他顯得充滿熱情，可是做事卻不得要領。

比如每次需要上交報銷單據，或者需要申請經費購買紙張等日常用品時，同事都會讓他去向部門經理報告。一開始，他覺得不過是跑跑腿的事情，而且還能增加與上司接觸、交流的機會，便欣然應允了。

後來，他聽了我關於心錨建立的課程之後，便一下子警覺了。要知道，申請經費就意味著花錢，而花錢對上司來說，絕不是一件值得高興的事情。而小洋的做法恰恰已經在上司心理建立了一個心錨：只要看到他，就意味著可能要花錢。因此，每次經理看到小洋走進辦公室時，都會顯得不高興，即便最後在申請單上簽了字，也總皺著眉頭嘀咕：怎麼又產生這麼多費用。

小洋警覺之後，以後再與同事相處時，便不再做這樣的冤大頭了。另外，更值得高興的是，他還慢慢學會在與客戶的接觸中，利用心錨建立法讓顧客對自己產生強烈的好感。

比如，在與客戶交流時，他總是會用幽默的談吐吸引客戶，每當客戶聽到一個笑話笑起來時，他便會拿起合約書或者產品說明書在客戶面前晃動一下。就這樣，在與客戶的交談中，他便不知不覺在客戶內心中建立起了一個心錨。最後，等交談結束，要求客戶達成成交協定時，他再拿起產品說明書和合約書在客戶面前晃動時，客戶就會顯得很高興、很放鬆。於是，成交也就不再是難事了。

再比如，小洋每次向客戶發送郵件時，都會附上一則笑話。這樣一來，客戶每次看到他的郵件，都會下意識地笑起來，自然對小洋的印象也很好。所以說，在與客戶交流中，讓客戶對你和你的產品建立正面的良好的心錨，是一個行之有效的行銷方法。

在 NLP 應用課程中，我也經常幫助學員建立他們想要的心錨，以便在與客戶交流中達成成交意向，而學員回饋給我的訊息也說明了心錨建立法的成效。對於一個銷售人員而言，行銷實務中絕對不缺乏這樣的嘗試機會，不妨試試看吧。

第七部分

自我控制，挑戰極限，提升工作熱情

釋放潛能

曾經有一位心理學家為一批銷售人員做過一個心理測試，測試的題目是：當你正在與客戶進行交談時，突然，有一個人從外面走進來，一直盯著你看，你會有什麼反應？

有的銷售人員說：「我會被打斷，停下來，問他是否有什麼事？」

有的銷售人員說：「我一定選擇繼續和客戶交談，但是，很可能會因為緊張而變得語無倫次。」

有的銷售人員說：「我也會盯著他看。」

甚至有的銷售人員不客氣地回答說：「我會問他是否有事，如果他還是無禮地盯著我看，我想我會揍他。」

心理學家微笑著聽大家七嘴八舌地回答著，卻一直沒有聽到自己想要找到的答案。

這時，一位銷售人員同樣微笑著對他說：「只要他沒有主動過來打斷我們的談話，我就會選擇無視他，跟我的客戶繼續交談。」

心理學家聽了這位銷售人員的回答，笑著對大家說：「你們所有人中間，只有他是最自信的。」

銷售人員們頓時感到不解：在他們通常的思維邏輯中，當我們被一個人無端打擾和無禮注視的時候，如果我們像沒有發覺一樣，不做任何反應，那麼，這不就是一種神經麻木或者膽小怯懦的表現嗎？怎麼能認為是一種自信的表現呢？

可是，心理學家卻非常確切地說，這位銷售人員才是最自信的人，為什麼？

心理學家看出了大家的疑惑，只問了大家一句話：「所謂自信，是要被別人影響，還是要去影響別人呢？」

銷售人員們聽了這句話，便都釋然和信服了。

顯然，對銷售人員來說，影響別人是自己能夠取得成功的根本要素。所有人都希望自己能夠控制全場，而不是受到他人的影響，可是，現實生活中，有很多不自信的人就常常被他人影響著，失去自己的控制力量，也無法釋放出自己的潛能。

銷售人員在面對客戶的時候，客戶的冷淡、客戶的拒絕、客戶的不滿……這些不良的情緒就像一棵棵長滿針的仙人掌對著銷售人員，如果銷售人員不能很好地引導自己的控制力量，進而控制全場，那麼，就很可能會受到這些負面訊息和情緒的影響，陷入低迷的狀態和情緒中，使行銷工作陷入困境。

一個成功的銷售人員就是要努力讓自己接近客戶，然後，把客戶身上的針拔掉，讓他接受和信任自己，從而用自己的控制力量影響客戶，促使客戶做出購買的決定。

我們想要客戶相信我們、跟隨我們，就必須學會引導自己的控制力量，然後在工作中釋放自己的無限潛能，進而走向成功的彼岸。那麼，對銷售人員而言，怎樣才能成功引導自己的控制力量呢？

(1) 相信自己，是引導控制力的基礎

想要引導自己的控制力量、釋放潛能，首先要相信自己，因為只有當你充分自信時，客戶才有可能相信你，而你才能更好地控制全場。自

信會讓我們從容、鎮定，也能夠讓我們帶給他人一種踏實能信任的安全感，尤其是當對方需要做出某項選擇的時候，他們會願意聽取自信的人給他們的建議。在這種時候，對銷售人員而言，想要促使客戶做出購買的決定，沒有任何一種東西能夠比自信更能幫助我們達到目標。

自信是我們事業成功的基礎，對於銷售人員來說，一定要相信自己能戰勝一切困難，樹立自己的職業自信心和自豪感，面對陌生客戶的時候，就不會恐懼了。自信在字面上的意思是指「自己相信自己」，相信自己擁有能夠克服生活和工作中困難的能力，是對自己可以戰勝困難的能力的一種信任；也就是，相信我們會比對方更勝一籌，相信我們可以打消對方的戒備和疑慮，取得對方的信任。當這種信任透過我們的言語、態度、行動展現出來時，才能引導自己的控制力量成功達到自己的行銷目的。

(2) 想擁有控制力，就要先忘記他人的目光

就像案例中揭示的一樣，一個真正自信的具有控制力的人就必須學會忽視他人的眼光，不受他人目光的影響。在現實生活和工作中，我們一般都會在意別人對我們的看法。但是，作為一個銷售人員，就應該練就我行我素的「厚臉皮」，不要太在意別人可能會有的目光，只要按照自己的想法，做對自己有利的事情即可。如果特別在意別人對自己的評價，時時刻刻想著別人會怎麼看自己，自己是否哪裡行為不當，那麼，無形中就會給自己製造很多壓力，使自己緊張無措，無法冷靜地思考和麵對問題。其實，在這種時候，你不妨暫時忘記自己，反過來從你的視角和觀點評價對方。比方說，你可以透過仔細觀察對方的表情和言語，找到對方的缺點。這樣一來，與潛在客戶的交流過程中，你就會從被動變為主動，壓力也會迅速消除。

③ 進入控制模式，要了解行銷工作的真正意義

在現在的市場形勢下，企業的生存與發展越來越離不開銷售這一職業，銷售人員也越來越多地充斥於我們生活的各個角落，在這樣的情況下，也必然會出現銷售人員素養和水準參差不齊的現象。很多人就是因為有過一些不愉快的被推銷的經歷，而對銷售這一產業產生了一些反感情緒和偏見，也因此產生了一種銷售人員身分卑微、不值得尊敬的印象，並且將這種情緒在以後與銷售人員交流的過程中發洩了出來。這樣一來，一些銷售人員就會受到不公平和不恰當的待遇，如果這種情況多了，銷售人員也會對自己的職業產生懷疑，甚至喪失對生活的控制力量，在生活和工作中也變得束手束腳。

還有一些銷售人員在銷售時認為自己就是在「求人辦事」，在態度上過于謙卑，將自己架在了「地位卑微」的位置上，使自己進退維谷，其實這是完全沒有必要的。「求人辦事」、自認卑微的觀念不但會讓銷售人員心情陰鬱，難以正常開展工作，還會讓顧客產生「他產品並不好，是想從我這裡謀取利益」的想法，這樣下去只會讓你對自己的工作和生活完全失去控制能力。

其實，行銷的本質是建立一個溝通和交流的環境，並且將價值傳送給客戶，它是一種經營顧客關係、讓銷售人員與顧客雙方都能夠受益的組織功能與過程，在此過程中，銷售人員透過介紹和提供商品，來滿足顧客特定的需要。

也就是說，行銷從本質上來說是一個讓銷售人員和顧客共同獲益的行為活動。銷售人員在工作的過程中，應該充分認識到行銷工作的本質，了解行銷工作的真正意義，然後拋開一切的顧慮和雜念，端正姿態，讓自己輕鬆愉悅、專心致志、充滿熱情地投入到行銷工作中來，而不是在忽略了本質的前提下，自怨自艾，最後只能在行銷領域中一事無成。

突破固有的思維模式

在一個動物園裡，一群大象剛一出生就被鎖住腳，久而久之，牠們就習慣了被鎖住，也沒有了逃脫的想法。一天，動物園新來了一頭小象，小象的腳也被鎖起來了。小象覺得自己似乎可以掙脫鐵鏈，於是便開始一次次嘗試，其他的大象看到牠的作法紛紛表示鄙視，並很不屑地告訴牠：「別白費力氣了，這鏈子我們都扯不斷。」小象看著比自己高大那麼多的大象，心裡有些失望。

有一次，動物園著火了，大象們悲慘地叫了起來，牠們認為自己一定扯不斷鐵鏈，會被大火燒死，而小象卻不這麼想。牠開始拚命掙脫鎖鏈，甚至不惜將身體弄傷，結果牠真的掙開鐵鏈跑了出去。其他大象見狀，紛紛效仿，果然，大象們很快都掙開了鐵鏈。

那隻小象的勇氣值得稱讚，對於銷售人員而言，也需要這樣的勇氣。在行銷過程中，要懂得創新，只有勇於突破固有的思維模式，才能在自己的精神世界建立一個全新的思維，才能在「山重水複疑無路，柳暗花明又一村」中找到出路。

縱觀整個人類世界，我們是在不斷地突破固有思維，打破舊制度，不斷創新而慢慢發展的。愛迪生無數次的勇於創新，給我們的生活帶來了「光明」；萊特兄弟的勇於創新，預告了交通運輸新紀元的到來……一切最初的發明和創造都源於勇於突破固有的思維模式，在精神世界創造一個新的思維，從而再改變世界。

勇於打破舊有秩序，關鍵還在「敢」字上，創新有時付出高昂而慘痛的代價。哥白尼（Nicolaus Copernicus）的「日心說」發表之前，「地心說」在中世紀的歐洲一直居於統治地位。人們早已認定這是真理，雖然有人對「地心說」產生過懷疑，卻沒有人勇於真正去探究。

而哥白尼勇於挑戰，以自己的生命為代價，推翻錯誤觀念，創立了新的宇宙觀。否則，也許我們至今還以為太陽圍著我們轉呢。不過，在這個訊息和科技都在高速發展、任何領域都面臨著創新挑戰的新時代裡，創新給我們帶來的將不再是不被理解的災難，而是利益和榮譽。在銷售領域，也同樣如此。

1952 年，日本東芝電氣公司積壓了一大批電扇。為了開啟銷路，解決公司的燃眉之急，公司上上下下 7 萬多名員工想盡一切辦法，卻收效甚微。

一天，一名小職員向董事長提出一個建議：改變電風扇的顏色。要知道當時，全世界的電扇都是黑色的，東芝自然也不例外。這個建議引起了董事長的關注，經過多次開會討論，他們決定試一試。

第二年夏天，東芝率先在市場上推出了一批淺藍色的電扇。沒想到，一經面世便引起了顧客的廣泛關注，市場上還掀起了一陣搶購熱潮，積壓的電扇很快就賣完了，也為公司創造了巨大的利潤。從此以後，在日本，以及在全世界，電扇就不再都是統一的黑色面孔了。

只是改變了一下顏色，大量積壓滯銷的電扇，幾個月之內就銷售一空。

但是，這麼明顯有效的做法之前怎麼沒人嘗試呢？電扇自古以來都是黑色的，雖然沒有人規定過電扇必須是黑色的，而商家們卻彼此仿效，代代相襲，漸漸地就形成了一種慣例、一種傳統、一種思維，似乎電扇都只能是黑色的，不是黑色的就不叫電扇。

這種固有的思維模式，反映在人們的頭腦中，便形成一種思維定勢、心理定勢。時間越長，這種定勢對人們的創新思維的束縛力就越強，要擺脫它的束縛也就越困難，需要做出更大的努力。東芝公司那位小職員提出的建議，可貴之處就在於，他突破了「電扇只能漆成黑色」這一固有的思維模式，為消費者帶來了全新的思維模式，所以最終才會取得成功。

那麼，這個案例中的彩色電扇為什麼能給消費者帶來全新的思維模式呢？當時，日本在戰後經濟一直處於蕭條狀態，民眾的心理狀態也非常晦暗、陰沉，缺乏活力和動力。想一想，在這樣的情況下，每天面對著一臺黑漆漆的電扇，心裡不是更沒有一點色彩和動力嗎？而彩色風扇的這一創意正是在打破固有思維模式的基礎上，以產品的顏色幫助客戶建立了一種更積極、充滿色彩的聯想。

調整身心狀態

強烈的求勝欲望是取得銷售成功的基礎，正確的銷售方法是贏得銷售成功的重要保障。也就是說，擁有強烈求勝心的銷售人員，還需要採取正確的實際行動，才能實現自己期望的目標，如果只是坐著空談謀略，而不起身運用正確的方法去銷售，還想要做成大生意，則無異於緣木求魚。

然而究竟要採用怎樣正確的行動才能促使消費者購買自己的產品呢？具體的銷售方法當然不一而足，首先在銷售之前要訂立明確的目標，只有目標明確了才會有行動的動力，這種動力更會引發自己對取得銷售成功的強烈渴求；其次是堅決地掌握住每一個行動機會，每天都要保持強烈的銷售的衝動，全力展現自己的競爭謀略和商業智慧。然而對於銷售人員而言最重要的還是要有正確的心態，人們常說心態決定一切，一個心態積極的銷售人員，也必然會對銷售成功有著強烈的需求和渴望，並擁有旺盛的工作熱情和熱情。

有一次，我幫某公司的銷售人員進行了為期一週的系統培訓。在培訓課上，一位工作多年的中年銷售人員說：「我經過半年多的連續努力工作並沒有取得理想的銷售業績，在工作上逐漸產生了懈怠情緒，在工作中再也找不到最初那種熱情飛揚的感覺了。我深知這種狀態非常危險，請問老師，我該如何讓自己保持旺盛的工作熱情呢？」

我說：「雖然公司的各種激勵制度，可以一定程度上激發銷售人員的工作熱情，但銷售人員應該正確地調整自己的身心狀態，正確的自我激勵才是最重要的。」

他說：「請問，想要找回和保持自己的工作熱情，該如何激勵自己呢？」

我說：「消極心態的破壞力最強，要想擁有旺盛的工作熱情，首先應培養積極向上的心態，其次是保持心態的相對穩定，不能因為某一時期銷售業績好，就欣喜若狂，也不能因為另一時期產品銷售冷清，工作難度大，就情緒低落。另外，很多銷售人員在進入一個新的產業（或企業）的初期，比較容易產生急於求成的心態，總是盼望能盡快出單，形成了較大的心理壓力，其實只要把學習和各項工作做扎實，之後自然就會有較為理想的業績，在一開始就急切地想要出成績反而會適得其反。」

他問：「我該採用什麼具體的方法來調整自己呢？」

以下是我要解說的內容。

1. 自我激勵（圖 7-1）

採用積極的語言	尋求積極的回應	表現出熱情奔放的樣子	杜絕抱怨，積極吸收正能量	自我獎勵

圖 7-1 自我激勵的 5 種策略

(1) 採用積極的語言

每天都要告訴自己：「我是健康快樂的，我一定能成功！」在回答別人對自己的問候時，做出積極地回答，如「極好」「非常棒」、「一定能行」。

不要使用讓自己變得消極的語言，如「我不行」、「這不可能做到」、「這種方法沒用」。使用充滿積極情緒的語言代替這些負面的詞彙，如不要說「我很煩」，而要說「我有點找不到頭緒」，或是用更加鼓舞自己的表達方式，如「我應該認真思考該如何處理」。我們所使用的語言不僅能表達我們內心的想法，還會透過暗示作用影響我們思考問題的方式，採用積極的語言更能夠幫助我們擁有熱情。

②尋求積極的回應

使用積極的語言會讓我們充滿熱情，傾聽積極的語言也會造成同樣的效果。假如我們在某一時期感覺自己缺少熱情，可以主動地多去拜訪一些滿意度高的客戶，聽一聽他們對我們的肯定、稱讚和感激，肯定會倍受鼓舞，感覺到自己工作的巨大意義，重新找回原來的熱情。

③表現得熱情奔放

如果我們無法自然地感到充滿熱情，可以先演出來。在客戶面前，處處表現得熱情奔放，會給客戶帶來積極的感覺，並引發客戶的共鳴，也會讓我們積極地回饋客戶，客戶的鼓勵會讓我們產生自然的熱情。當我們感覺到自己的熱情正在日漸消退的時候，就要不斷地提醒自己努力表現出熱情奔放的樣子，這種積極的表演可以幫助我們重新振奮起精神，找回熱情奔放、熱情四射的狀態。

④杜絕抱怨，積極吸收正能量

在現實生活中，經濟形勢不好，公司、客戶與我們意見不統一，個人疾病等很多我們無法控制的事情存在，抱怨無法解決任何問題，只會增加煩惱。

想要保持旺盛的工作熱情，就要杜絕抱怨，還要遠離那些瞻前顧後、消極悲觀、喜歡抱怨的人，拒絕參加他們的抱怨大會，因為他們的消極影響，會增加我們保持熱情心態的難度。盡可能地接近充滿熱情的成功人士，向他們請教，或是透過閱讀鼓舞人心的書籍，聆聽充滿活力的音樂等方式，積極地吸收正能量，調整好心態更能夠讓熱情保持高昂的狀態。

(5) 自我獎勵

銷售人員都是在市場一線衝鋒的戰士，承受著巨大的工作壓力。我們都希望能夠做出成績贏得別人的認可和讚揚，同時也能有一種自我成就感。

在我們透過艱苦的努力和付出取得了階段性的成就的時候，我們大可透過享用美食或是旅遊放鬆的方式獎勵自己一下，自我獎勵可以使我們的精力更充沛，工作熱情也更加高漲。

2. 正確地面對失敗

擁有工作熱情從某種意義上說，就是要懷著愉悅的心情去努力做好自己的工作。不要因一時的成敗得失而懊惱，不要過分看重眼前利益。只要有一顆快樂的心，做任何事情都會充滿精力和熱情，將工作看成是一種享受，就能保持工作熱情。

(1) 客觀地看待客戶的拒絕

我們需要明白，不是所有的客戶都對我們的產品有需求，並且有很多客戶的產品需求是潛在的，需要我們去積極挖掘和引導。所以，客戶的拒絕是必然要發生的，我們沒必要過分在意。尤其是在銷售人員剛剛進入某個新的產業和企業工作的初期，由於對產業規則認識不足和缺乏產品銷售的經驗，很難準確掌握目標客戶的購買動機，更容易遇到客戶拒絕的情況，這時需要我們用平和的心態來面對，認識到這個時候出現客戶拒絕是符合銷售工作的客觀規律的，不要因為客戶拒絕的出現而降低自己的工作熱情。

(2) 客觀地看待無法成交

長期維繫了一個重要客戶，最終還是無法成交，這種情況對於很多銷售人員來說，確實是很影響士氣的，如果不能正確面對，非常容易形成一個惡性循環。銷售人員需要注重過程，重視結果，但銷售的成功與否受到多種因素的綜合影響，如果一味地堅持結果導向，則很難擁有平靜的心態。失敗之後最重要的是要學會分析，找出失敗的原因，激勵自己以後做得更好。其實銷售人員冷靜地想一想，既然這次失敗了，那就說明一定是自己的工作做得還有欠缺的地方，我們應該高興地認知到自己的不足，就可以在今後的工作中避免發生同樣的情況，如此一來心態就能平靜下來，繼續保持高昂的工作熱情，去迎接下一個挑戰。

3. 貴在堅持

在我們即將完成某項任務的時候，往往會感覺自己已經沒有力氣繼續努力前進。此時假如你能保持高度的熱情，咬牙振奮精神，堅定信念要度過難關，就會發現自己仍有一股新的力量支持自己繼續前行。

(1) 堅持不斷學習

堅持不斷學習對於銷售人員保持工作熱情也是非常重要的，如果自己在每天的工作中都能學習一點新的知識，不斷取得新的進步，慢慢地你會發現自己的綜合素養和工作能力越來越強，銷售業績自然也會不斷增長，而且客戶和同事對你的評價也會越來越好，你的工作熱情就越來越高漲，最終實現良性循環。

(2) 持續的努力帶來持續的熱情

堅持不懈地做好自己的本職工作，就會取得傲人的業績，也會贏得客戶和同事的尊重，還會有機會獲得晉升，自然就會獲得成就感，也就有了更高的工作熱情。有些時候，轉換一下思考的角度，就會發現自己的工作有很多樂趣，而發現工作的樂趣，正是持續保持工作熱情的最好的方法，只有做自己喜歡的事情才能做得持久。

我們在爬坡的時候往往充滿熱情，最終登上山頂的時候，反而感到迷茫。

工作取得了階段性的成就之後，要及時給自己樹立新的目標，有了目標就有了動力，自然就能持續保持旺盛的工作熱情。

熱情在成功的推銷中所引發的作用高達95%，而產品知識只占5%。銷售人員要學會用平和的心態看待得失，還要透過正確的自我激勵調整好自己的身心狀態，激發自己的工作熱情，並透過持續的努力工作和學習進入良性循環，持續保持旺盛的工作熱情。

建立正確的工作價值觀

行銷是否能夠成為一個快樂、充實、有價值的職業，主要是看你怎麼去做。客戶和我們一樣，都是普通人，而且都是通情達理的，只是因為剛開始接觸時彼此不熟悉、不了解，所以有時會表現得冷淡，可能會拒絕推銷。只要我們樹立正確的工作價值觀，積極地和客戶接觸，以快樂的方式進行行銷，帶給客戶愉悅的消費體驗，那麼就能夠與顧客之間形成一種良性的循環，讓彼此都輕鬆、愉悅地完成行銷活動。

那麼，銷售人員對工作本身應該具備怎樣的認知和觀念呢？

1. 相信自己能夠成為行銷領域的「狀元」

有句話叫做：「三百六十行，行行出狀元。」無論我們是在哪個領域裡工作，只要做精做好，都能在自己的領域裡有所成就。社會這個大機器，它既需要精細的零件和裝置來提高它的效能，又需要普通的零件各自發揮自己的功能和作用來維持它的正常運轉，從功能上，都是至關重要、不可或缺的。

因此，我們在行銷工作中也要認識到：工作是沒有貴賤之分的，我們所有的工作都是有價值的，只要我們能夠在自己的領域裡做好自己的工作，一定可以在工作中贏得別人的尊重和重視，成為自己工作領域中的「狀元」。

工作自然是沒有貴賤之分的，但是我們的精神和意識卻有上下之別。除了自身的努力和打拚之外，給自己一個實際的目標，而非不切實際的幻想，是無比重要的。無論做什麼工作，最重要的是要盡自己最大的努力將之做好、做精，只要在自己的領域裡有所突破、有所成就，就一定可以獲得客戶的尊敬和重視。

2. 不要抱著「銷售就是賺客戶錢」的想法

很多人當業務，都抱著快速賺錢的想法，但是，這樣的銷售人員往往都做得不成功，而且感覺活得很累，內心壓抑，心情痛苦。

要知道，當你抱著「銷售就是賺客戶錢」的想法與客戶進行交流時，即使你說得再動聽，再有道理，將真實意圖隱蔽得再好，客戶也能夠從你的言談舉止中看出來。沒有哪個客戶會喜歡那些「不為他的利益著想，只想從他口袋裡掏錢」的銷售人員，他們也不會為了支持你的工作，為了你的利益，而去購買你的產品，那樣他們會感覺自己受到了你的愚弄和哄騙。

另外，當你只為了錢而工作時，你會無可避免地累，你會感覺客戶總是僵硬冷漠、不通情達理，進而產生抱怨和厭煩；或者，你會潛意識地將客戶看作衣食父母，處處小心翼翼，只要客戶稍提出異議，你就會如臨大敵，在心理上很難與客戶保持一致，你會抱怨做銷售人員賺錢太難，甚至會覺得做銷售人員很沒有面子，地位也很低，進而產生自卑感。

在公司，你也會為了一時利益，不願意與別人分享你的經驗與過程，長此以往，你既不願意與同事講你的苦悶，也不願請別人幫忙洽談，更不願去幫助別人，你總是會單兵作戰，將自己與所有人孤立開來，最後你的行銷之路只會越走越窄。

3. 把客戶當做朋友一樣對待

其實，很多時候，當銷售人員與客戶深入了解和接觸後，客戶就會發現銷售人員其實人很不錯，也願意與之交往。在這種時候，銷售人員就需要經常與顧客保持連繫，而且這種交流與溝通要建立在將對方視為朋友的基礎上，而不是一心想著向對方推銷產品。當你和客戶有了足夠的感情和信任基礎之後，在需要你所經營的產品時，客戶就會自然而然地想到你，成為你忠實的老客戶，而且，在這個過程中，銷售人員和客戶都會感覺舒心、愉悅，這對彼此以後的發展和合作都是非常有利的。

我們知道感情都是需要經營的，比方說，當你與朋友長時間不連繫時，彼此的感情就會變淡，與客戶的關係經營也是如此。舉例來說，當你過生日的時候，如果你能夠發訊息給你的客戶，以感謝他們長期以來對你工作的支持，那麼你就會收到很多客戶的祝福；逢年過節的時候你問候客戶，客戶也會感謝你，並回覆你的問候。

一旦你這樣做了，我們會發現，自己的努力都是值得的，我們會在行銷的過程中收穫很多朋友和人脈關係。況且，能夠認識很多人，也讓很多人認識你，和很多人成為朋友，這本身就是一件非常快樂的事情。

因此，銷售人員應該在必要的時候，忘記自己的推銷，忘記自己的產品，要認識到「我就是產品」，用你的感情去推銷，在此過程中用你的心去享受行銷帶來的樂趣。

4. 把行銷看作彼此傳染快樂的過程

快樂應該是對銷售人員和客戶雙方來說的，銷售人員在保持自己心情愉悅、心態積極的同時，也要努力讓客戶保持快樂的心情，輕鬆、愉悅地去消費，只有這樣，才能讓快樂在彼此之間感染和傳遞，保持良好的行銷氛圍，讓銷售活動更加順利進行。高明的銷售人員往往善於取悅客戶，以促進銷售目的的達成，而取悅客戶的最佳方法就是在適當的時機去讚揚自己的客戶。

小雲考上了一所國立大學，她的母親何女士要送給她一臺電腦作為大學禮物，於是母女兩人就到了賣場去挑選電腦。

小雲看到一款標價 1 萬多的最新電腦，興奮地對何女士說：「媽，這款電腦外形很酷，還有無線網路、無線滑鼠，擁有四核心的電腦，我在同學小麗家就看到過，擺在家裡，很酷的。你看，就是這種。」

何女士聽了，說道：「幹麼什麼都要和她家一樣！我們只要能上網查資料、練習打字就夠了。你現在已經是大學生了，凡事要有自己的主見，不要什麼都要跟著別人學，知道嗎？」

何女士顯然對這款上等機型並不感興趣，而且對女兒總是羨慕別人、沒有主見的做法很不滿。

這時，一直站在旁邊的銷售人員馬上笑著對何女士說道：「阿姨，您口才可真好，說得很有條理。所謂『有其母必有其女』，怪不得女兒能夠考上國立大學呢。」

然後，又笑著對小雲說道：「妹妹可真了不起，小小年紀就能考上國立大學，是不是你同學都用這款電腦啊？不過，媽媽說得很對，這些配備是針對專業人士設計的，我們進行一般的學習和娛樂時，根本用不到的。」

這些話說得母女兩人都很高興，氣氛也變得好了起來。

銷售人員接著對何女士說道：「阿姨，規格太低的電腦效能一般，上網速度也慢，而且很快就會被市場淘汰了，也不划算。你看看這臺，價格和規格都適中。」

何女士高興地說：「那幫我們介紹介紹這款電腦吧。」

之後，銷售人員就熱情洋溢地為這對母女介紹起電腦的效能，最後小雲母女買下了這款電腦。

在這個案例中，銷售人員巧妙地抓住了時機去取悅客戶，讓客戶心情愉悅，再順勢向客戶介紹合適的機型，最終達成了交易。

優秀的銷售人員總是心情愉悅、滿懷熱情地投入到行銷工作中去，同時也用心地取悅客戶，使銷售變成一種有利於身心健康和事業發展的活動，也使得銷售人員與客戶之間形成一種良性的循環，讓行銷活動在彼此信任和身心愉悅的氛圍中順利完成。

管理情緒

美國科學家進行過一項非常有意思的心理學的實驗，名字叫「傷痕實驗」。他們對參與其中的志願者說，這個實驗的目的是看人們會怎樣對待身上有殘疾的陌生人，特別是臉部有疤痕的人。他們都被安排在沒有鏡子的小屋子裡，由好萊塢的專業化妝師在他的左臉做出一道令人害怕的疤痕。在他們照過鏡子後，屋內就恢復了四面無鏡的局面。重要的是最後一步，化妝師說需要在傷痕表面再抹一層粉末，以防它不小心被擦掉。事實上，化妝師用紙巾悄悄抹掉了疤痕。

對此完全沒有意識到的志願者，被安排到各個醫院的候診室，他們的目的就是看人們對其臉部疤痕的反應。時間到了之後，回來的志願者竟然無一例外地表達了同樣的感受：「人們對我們比以往魯莽無理、不友好，並且一直盯著我們的臉看！」可事實上，他們的臉與以前沒什麼區別，沒有什麼不同；志願者們之所以會得出那樣的判斷，看來是悲觀的情緒和自我認知左右了他們的結論。

這真的是一個值得思考的實驗。原來，人們心裡如何看待自己，在外面就能感覺到同樣的眼光。同時，這個實驗也從另一個方面驗證了一句西方名言：「別人會用你看待自己的眼光看你。」不是嗎？對於一個銷售人員而言，若你是一個積極的人，就會感受到客戶對你的積極回應；若你是一個自信的人，就總能感受到客戶信任的目光；相反，若你是一個不自信的人，客戶往往也很難相信你；若你是一個消沉、悲觀的人，能夠感受到的也只能是客戶挑剔、反感的眼神。

這樣看來，一個銷售人員如果長期埋怨自己的客戶為人冷淡、缺乏熱情，那就證明，真正出現問題的正是他的內心世界，是他對自身的認知有失偏頗，是他對自己的情緒和內心世界缺乏掌控能力。這種時候，需要變化的，正是我們自己的內心世界；而心裡的狀態一旦改變，身外的環境必定隨之好轉，情緒的表達就不會那麼咄咄逼人。

美國一位心理學家說過：一般情況下，人們一生中大概有30%的時間處於情緒不良的狀態，每個人都無法避免要與消極情緒做長久的鬥爭。情緒的表達方法對情緒的最後改善狀態有著非常重要的影響，正確的表達方式才能讓他人理解，使自身壓力得到緩解。人們處理情緒的方法一般有下面幾種。

(1) 冷戰

這是情緒壓力最具傷害性的表達方法。因為單方面承受著自己的情緒，不願意與他人交談，情感長期處於封閉狀態，最終會致使身體的崩潰，引起精神方面的病變。

(2) 發洩

不管環境和後果，將情緒完完全全地發洩出來，容易對他人產生壓力，使團體內部產生矛盾。在日常的活動和工作中，這是典型的「先發怒後道歉」的情緒表達。

(3) 表明感受

用不對他人施加壓力的形式，表達自己的喜怒，讓對方了解你的情緒和感受，並且給予雙方磨合與成長的機會，也就是正確的「先表達後情緒」的方式。這是發洩負面情緒的一種較好的方式。

情緒的自我調節是對個人的情緒調節最有效、最直接的方法。因為情緒是隨時波動的，想要外部的理解需要一定的時間，而內心的變化則全然由自身操縱。情緒的自我調節主要表現為以下幾種方式。

(1) 語言

在情緒波動中用正面的、積極肯定的語言暗示自己，進行自我鼓勵。同時給自己一些時間限定，用最短的時間與負面情緒說「拜拜」。

(2) 動作

適時抬起頭，調整站姿、深呼吸對調整和改變情緒是有很大幫助的。

(3) 顏色

選擇鮮豔的顏色，讓情緒得以解放。

(4) 環境

進入大自然或是適宜的環境中或者是和樂觀積極的朋友們在一起。

那麼，對於銷售人員而言，應該如何消除不良的工作情緒，激發心中的正能量呢？

(1) 把行銷工作中快樂和成功的體驗告知別人，與他人分享這種快樂

當對方被你感染，並且肯定你的能力與付出時，你們就會有雙份的收穫。

(2) 對於銷售工作中產生的不良情緒，應該承認其存在的現實

把自己情緒中不健康、不好、慌張不安的一面承認並全面接受，不逃避、不忌諱、不隱瞞，認清現實，坦然接納，這樣反而可以消除一些不良工作情緒。強硬壓制絕不是最好的選擇，因為不良情緒積得太多，心理會失衡，身體也會生病。

(3) 千萬不要錯過讚揚和幫助別人的機會

在行銷工作中，不論是面對同事、客戶，還是競爭對手，只要別人身上有值得肯定和讚揚的地方，都應該給予讚美。假如需要提意見，可以用一種幫助他人的心態提出，而不是嘲諷的態度。這會有利於你的情緒健康。

(4) 關心其他人的需要，包括工作、生活、家人和朋友

與開朗的人一起快樂，與傷心的人一起傷心，讓每一個和你接觸的人，都能感受到你對他的關心。

(5) 做一個樂觀的人

不要把銷售工作中小小的不如意和失望傳染給別人，特別是客戶。請記住，人人都承擔著或多或少的壓力。

(6) 保持寬容的心態

參與討論但不能爭吵，就算不贊同，也不氣憤，這象徵著內心的成熟。

(7) 不用擔心有人散播你的謠言

請記住，那些人不是世界上最正確的情報員。緊張、沒有安全感，加上壞心眼，通常是某些人背後說人壞話的原因。

(8) 不用太擔心本屬於自己的信譽，讓你自己做到最好，並要有信心和耐心

在工作中忽略你自己，別人反而會「記住」你，這樣的成功特別讓人有成就感。

(9) 多做運動

在釋放情緒的方式當中，還有一種是用消耗體能來發洩體內積聚的不良情緒，如打球、散步、跑步等運動。當一個人情緒消沉時，總是不愛動，越是不運動，不愉快的心情就越難轉移，心情就會越難受，如此周而復始，很快就影響到身心健康。其實，跑步、游泳等運動方式不失為轉移不良情緒的絕妙方法，一身大汗之後，無論是身體，還是心理，都很容易產生一種放鬆的感覺。

人生在世，誰都會有面對不良情緒的時候，特別是銷售人員在工作中往往要面對業績的壓力，以及客戶的冷漠或者拒絕，總是會受到種種壓力、焦急、惱怒、緊張等消極情緒的侵擾。想要保持身心的健康，並且在工作中獲得更好的發展，就要學著及時化解這些消極的情緒，找到合適的途徑把不良的情緒發洩出來，驅趕內心的陰鬱，重拾心中的陽光。

最後的突破

哈佛大學教授、美國語言學家約克·肯說：「生存，就是與社會、自然進行的一場長期談判，想要獲取你自己的利益，得到你應有的最大利益，就要看你怎麼把它說出來，看你怎樣說服對方了。」為了更好地在競爭激烈的銷售產業有所作為，學習一定的銷售技巧，尋找解決問題的辦法，是非常必要的。

銷售人員在與客戶溝通的過程都應該學會一些技巧和方法，以幫助自己在每一場商場較量中遊刃有餘。客戶為了買到最適合自己的產品，往往會「貨比三家」。銷售人員在跟客戶進行溝通的過程中，對方的心理價位、預設購買價位以及同行開出的價碼、條件等都是一種祕密，只要掌握對方的底牌，找到正確的方法，自己的勝算就會大很多。至於如何掌握這種方法，還是有一定的技巧和方法可以參照的，如圖 7-2 所示。

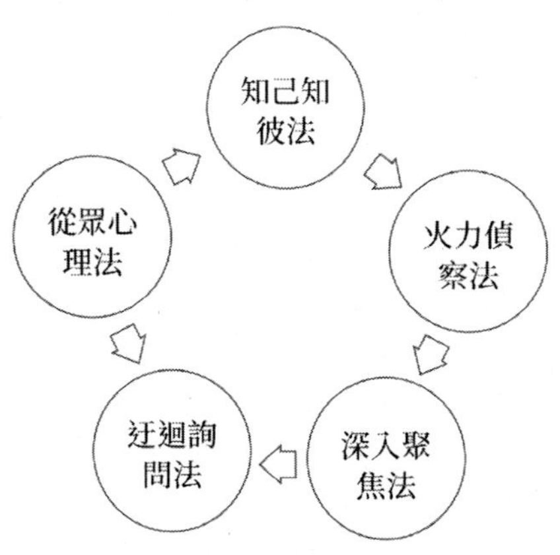

圖 7-2 有效解決問題的 5 種方法

1. 知己知彼法

在與客戶交流、接觸之前，銷售人員有必要完善一下自己的產品知識和客戶資料，最重要的是要適當了解客戶的相關訊息，尤其在跟外國的客戶打交道時，還要知道對方的習俗習慣。知己知彼這個方法雖然談不上是多麼高明的談判技巧，但是卻至關重要。

2. 火力偵察法

在看不清虛實、對客戶的了解也比較淺的情況下，銷售人員可以採取一些主動詢問的方法，委婉地丟擲一些具有挑釁性質的問題，用以刺激對方，看對方作何表態，然後，仔細觀察對方的反應，尋找一些蛛絲馬跡。

例如，在客戶向銷售人員諮商了幾種不同的產品，並一一詢問了這些品種各自的價格時，這個時候有些銷售人員可能摸不著頭緒，搞不清楚對方的真實意圖。因為客戶這樣問，銷售人員既可以認為他是在打聽行情，又可以認為他是在談購買條件，既可以將其看成潛在客戶，又可以懷疑對方只是隨便問問，甚至可能是潛在競爭者。

當客戶這樣向銷售人員詢問，銷售人員會產生一種很正常的矛盾心理：如果告訴對方實際價格，擔心被對方摸到自己的底線，到時候他們轉而買別家的產品怎麼辦？但是如果自己只是隨便敷衍，就有可能錯過一個潛在客戶。

在情急之下，聰明的銷售人員就會想到：我也要想辦法探對方的虛實。

於是，他輕描淡寫地說：「我們的產品自是貨真價實，但是，你要貪圖便宜就買不到正宗的產品。」

我們都知道，市場一般奉行這樣的準則：「一分錢一分貨」、「便宜無好貨」。

銷售人員很巧妙地在自己的反問中植入了挑釁的意味。拋開這點，這個回答的精妙之處還在於，除非客戶不接話，否則銷售人員就會輕易探究到他藏在煙霧彈後的真實情況。

如果客戶真正在乎的是貨的品質，在價錢上他就不會太計較；如果客戶在乎熱門的貨源，他就迫切希望購買成功，口氣自然也就略顯迫切。摸清楚這些內容後，銷售人員很容易就能夠確定自己的銷售方案。

3. 深入聚焦法

當銷售人員想要知道某方面的情況時，可以針對該問題做出掃描式的提問，進一步探知到對方隱瞞的死穴，深入掌握問題的癥結所在。

在做某一單生意時，銷售人員小忠跟客戶雙方都很滿意，但是客戶遲遲沒有簽合約的意願，小忠對此深感不解，最後便是透過這種方法，探知了原委。

首先，在小忠證實客戶的購買意圖後，為了找出客戶不簽單的原因，他分別詢問了對方關於產品的信譽、品質、包裝、交貨期，甚至對自己本人的看法等方面的問題。

透過揣摩客戶的回答，他能夠確認上述方面都不存在問題。最後，在小忠問到貨款支付的問題時，客戶面露難色，表示現在的貸款利率比較高。

小忠終於探得對方的心結後，開始利用自己專業的業務知識，幫客戶做了市場分析以及利潤預測。他從當前市場的銷售形勢開始分析，說明自己給出的價格，按照市場價進行銷售，即便是扣除貸款利息還會有很大一部分盈餘。

聽了他的分析，客戶開始頻頻點頭，接著客戶又主動向他諮商說，銷售的期限太長，擔心利息的負擔太重，進而影響自己的最終利潤。

針對客戶這樣的擔憂，小忠從風險大小出發，舉出例子告訴客戶此時簽下這筆單子風險並不大，讓他放心。最終，客戶終於放下了疑慮，跟小忠簽下了合約。

4. 迂迴詢問法

迂迴詢問法就是透過迂迴的戰術，使對方放鬆防備，然後在他心理鬆懈的時候，巧妙刺探到對方的底牌。這種技巧分以下兩種情況。

(1) 在銷售人員的地盤上

這個時候，我們作為東道主就要好好利用自己在主場的優勢，實現最後的突破。

為了探得對方的時限，可以在熱情好客上大做文章，除了妥善安排對方的生活，還要抓住很多客戶願意利用出差之便欣賞一番當地美景的心理，幫助他們做出合理的出遊計畫，在客人感到愜意無比的時候，再趁機詢問訂購返程機票或車船票的相關事宜。這時對方往往會隨口說出自己的返程日期。銷售人員知道對方的時限就等於成功了一大半，而對方尚不清楚我們的時限，在正式商討合約的時候，我們就會掌握絕對的主動權。

(2) 在客戶的地盤上

當我們到客戶的地盤上去洽談產品訂購的時候，就要處處留心不能被對方探到底線。

做好功課，了解客戶所在地的市場行情。

將自己產品的利弊熟記於心。

穩紮穩打，沉得住氣，不為蠅頭小利喪失更大的利益。

處處謹慎，小心繞開談判陷阱。

該拍板時就拍板，絕不猶豫。

以上四個原則就是在銷售過程中比較常用到的談判技巧，在跟客戶進行洽談的過程中選擇合適的機會運用，會達到事半功倍的效果。

5. 從眾心理法

從眾心理指的是個人受到外界人群行為的影響，而在自己的知覺、判斷、認知上表現出符合公眾輿論或多數人的行為方式，而實驗表明只有很少的人保持獨立，所以，從眾心理是大部分個體普遍擁有的心理現象。

對於行銷來說，可以藉助客戶這一特有的心理，進行銷售。號稱日本「尿布大王」的多川博也曾巧妙地利用從眾心理來開啟自己的銷售市場。

創業初始，多川博經營的是一個集生產、銷售於一體的綜合性企業，所涉及種類頗多：雨衣、游泳帽、防雨斗篷、衛生紙、尿布等日用品。正是因為公司的廣泛經營，沒有形成自己的特色，因而銷量非常不穩定。

最谷底的時候甚至瀕臨倒閉的境地。偶然的一次機會，多川博發現了商機。那是一份人口普查表，他發現日本每年出生約 250 萬嬰兒。這是一個龐大的數字。他想：如果每年每個嬰兒只用兩條尿布，那麼年需求量就是 500 萬條。他當即召集公司高層開會，確定放棄除尿布以外所有產品的生產，在短時間內實現尿布的專業化生產。

公司成立了專門的技術支援部門，很快第一批尿布走下了生產線，產品生產後期公司花了大量的精力去宣傳產品的優點，希望引起市場的轟動。但是，令人失望的是試賣之初，基本上無人問津，生意十分冷清，幾乎到了無法繼續經營的地步。

多川博萬分焦急，經過數日的苦思冥想，他終於想出了一個好辦法。他讓自己的員工假扮成客戶，排成長隊來購買尿布。一時間，公司店面門庭若市，幾排長長的隊伍引起了行人的好奇：「這裡在賣什麼？」「什麼產品這麼暢銷，吸引這麼多人？」如此，也就營造了一種尿布暢銷的熱鬧氛圍，於是吸引了很多「從眾型」的買主。隨著產品不斷銷售，人們逐步認可了這種尿布，買的人越來越多。後來，多川博公司生產的尿布在世界各地都暢銷開來。

在銷售過程中，利用客戶的從眾心理來促成交易，從某種程度上說減輕了客戶對風險的擔心，尤其是新客戶，「大家都買了，我也買」，可以增強客戶的信心。銷售人員利用此法促成訂單，往往較為容易。但是，銷售人員在利用客戶的從眾心理時，也要注意以下幾個問題，才能保證取得良好的效果。

(1) 所舉案例要真實

業務員要想引發客戶的從眾心理，所舉的案例一定要是事實，既不能用謊話編造出曾經購買的客戶，也不要誇大那些老客戶的購買數量。否則，一旦謊言被揭穿，就會嚴重影響客戶對業務員及公司的印象，使業務員和公司的聲譽受損，這種自砸招牌的事情是萬萬做不得的。

(2) 前提是要確保產品品質

好的產品品質是利用客戶從眾心理的前提。例如，多川博企業能夠充分利用客戶的從眾心理使銷路開啟的前提是生產的尿布品質好，只有這樣，客戶才能真正認可這種產品，才能繼續購買。歸根究柢，市場銷售最終還是要以品質贏得客戶的，而利用從眾心理只是吸引客戶的一種手段而已。

(3) 盡量列舉具有說服力的老客戶

客戶雖然有從眾心理，但是如果銷售人員列舉的成功例子不具有足夠的說服力，那麼客戶也是不會為之所動的。為此，業務員要盡可能選擇那些客戶熟悉的、比較具有權威性的、對客戶影響較大的老客戶作為列舉對象。否則，客戶的從眾心理很難被激發出來。

第八部分

團隊管理與效率提升

建立共同目標，提升團隊凝聚力

行銷團隊的核心功能是服務於市場和客戶，以及對抗市場競爭，在市場大環境下，團隊凝聚力是團隊存在的先決條件，也是發揮團隊潛能創造良好業績的重要保障。「團結就是力量」是對團隊凝聚力的形象表述，行銷團隊的凝聚力是團隊的情感取向、態度取向、價值取向、目標取向、榮譽取向等在行銷實踐中的綜合展現。

行銷管理者要想提升行銷團隊的凝聚力，首先需要塑造良好的團隊文化，還需要在充分溝通的基礎上處理好團隊的內部關係。更重要的是樹立一個共同目標，引領團隊成員為這一目標共同奮鬥，讓團隊成員在實現共同目標的過程中提升自己，實現自身價值，產生對團隊信任感、歸屬感，發展出良好的內部友誼，最終形成強大的團隊凝聚力。

1. 塑造積極的團隊文化

《周易》說「二人同心，其利斷金」；《孫子兵法》中提到「上下同欲者勝」。

這些經典名句告訴我們，團隊成功的關鍵在於團隊凝聚力，人心渙散、缺乏凝聚力的團隊必定會失敗。行銷管理者要透過團隊文化建設，確立團隊的願景和使命，樹立團隊的共同價值觀。傑克·威爾許（Jack Welch）說過：領導者的第一要務就是設立團隊的願景和使命，並激勵團隊努力實現它。團隊願景是從管理哲學角度回答「團隊是什麼，要成為什麼」的問題，團隊使命則是為實現團隊願景而確定的策略定位和業務方向，即「團隊需要做什麼」。

一流的行銷團隊應把開拓進取、決勝市場作為自己的使命，努力實現市場主導者的願景，並在團隊行銷實踐的過程中著力塑造「積極行銷，永不言敗」的團隊文化。在團隊發展的不同階段，團隊文化需要進行不斷更新完善，讓團隊文化始終成為提升團隊凝聚力的精神源泉。

2. 維繫和諧的團隊關係

和諧的團隊關係是成員之間保持團結合作和提升團隊凝聚力的重要基礎，行銷管理者在維繫團隊關係的過程中需要做到以下幾點，如圖 8-1 所示。

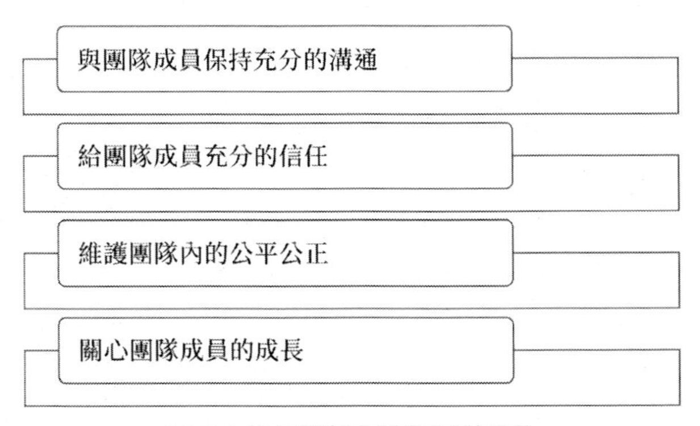

圖 8-1 如何維繫和諧的團隊關係

(1) 與團隊成員保持充分的溝通

行銷管理者需要經常與自己的團隊成員溝通，了解他們的生活情況和工作狀態，盡量滿足他們的合理需求，營造良好的溝通氛圍。很多行銷管理者存在認知上的失誤，認為行銷團隊成員應主動向他們反映問題，自己沒有必要主動地去跟團隊成員溝通。而實際上很多團隊成員並不願意向主管反映自己的實際困難，他們認為這是能力差的表現，此時如果行銷管理者能夠主動地與團隊成員進行交流，就會發現很多問題在交流的過程中會迎刃而解，團隊成員會呈現出高昂的工作熱情。

(2) 給團隊成員充分的信任

缺乏信任關係是做不好工作的，行銷管理者應充分信任自己的團隊成員，並在充分認識團隊成員的工作能力的基礎上，給他們合理的自主工作空間，透過充分的授權管理團隊成員的積極性和主動性。還要對團隊成員積極的鼓勵，激發他們的鬥志，挖掘他們的潛能。

(3) 維護團隊內的公平公正

現在大家都能接受不同的成員貢獻不同，報酬也不同，但這種差異應在合理的範圍內，畸形的利益分配機制，會極大地破壞團隊凝聚力，行銷管理者要注意防止並及時修正，保持團隊內利益分配的公平性。行銷管理者還要樹立工作紀律的嚴肅性，防止團隊內部拉幫結派，親此疏彼，更要杜絕占用企業資源和工作時間，進行私人業務的現象。以公正的工作作風維護團隊的形象和威望，保持團隊的工作熱情。

(4) 關心團隊成員的成長

在一個行銷團隊中，每個成員都渴望成長，如果得不到成長，最終只能出局走人。行銷管理者，應在管理工作中承擔起教練的角色，指導團隊成員形成正確的工作方法和技巧，幫助他們實現業績的突破。

並激發團隊成員的潛能，讓他們勇於挑戰自我，超越自我。讓團隊成員真正能體驗到自身的成長，獲得成就感和快樂，形成對團隊的歸屬感和向心力。

3. 樹立共同奮鬥的目標

一個行銷團隊要樹立一個共同奮鬥的目標，是否有共同目標？共同目標是否科學？直接影響團隊的戰鬥力和凝聚力。團隊的共同目標，需要透過成員的個體目標來實現。行銷管理者需要在與團隊溝通的基礎上，結合產業環境、競爭格局和團隊現狀制定科學合理的團隊目標和任務，激發團隊成員的戰鬥熱情，在團隊奮鬥的過程中提升凝聚力，如圖 8-2 所示。

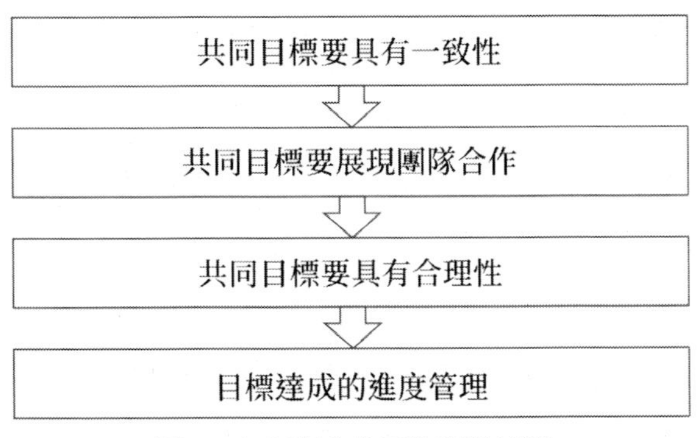

圖 8-2 如何樹立共同的奮鬥目標

(1) 共同目標要具有一致性

目標一致是形成團隊凝聚力的前提條件，首先，團隊共同目標要展現成員的個體目標，提高團隊對成員的吸引力。其次，要透過建立共同目標的過程確立團隊的競爭對手，即「共同敵人」。「共同敵人」的出現會增強團隊內的共識，激發團隊成員「同仇敵愾」。

(2) 共同目標要展現團隊合作

共同目標不應是個體目標的簡單相加，而是需要所有的團隊成員共同努力、通力合作來實現。在協同合作的過程中，團隊成員在行為和情感上更容易融為一體，形成合力。所以，團隊實現共同目標的過程也是提升凝聚力的過程。

③ 共同目標要具有合理性

共同目標的合理性，對行銷團隊的凝聚力具有巨大的影響，而合理的行銷目標應是客觀性與挑戰性的統一。一方面團隊的每一個成員都有自己的指標，且與成員的個人收入掛鉤，如果把指標定得過高，結果只有少數的團隊成員業績達標，就失去目標制定和業績考核的現實意義。

並且會極大地挫傷大多數團隊成員工作的主動性和積極性，從而削弱團隊的凝聚力。

另一方面，如果把目標定得過低，團隊成員不需要創新，只需要重複執行例行任務，也會帶來倦怠並削弱團隊的凝聚力。只有制定具有一定挑戰性並經過共同奮鬥能夠實現的共同目標，才能激勵團隊成員共同面對壓力，在工作中保持高度一致，精誠合作，完成任務，從而促進團隊凝聚力的提升。另外共同目標還應根據每個團隊成員的實際情況，進行合理的分解，下面我們透過一個案例看一下如何進行合理的目標分解。

行銷經理小劉在一家機電企業工作很多年了，他所帶領的行銷團隊一直業績平平。公司計畫在年底進行行銷改革，對業績不佳的行銷團隊進行業務技能的強化培訓。在改革之前公司管理層希望先了解一下每個行銷團隊明年的團隊發展思路和實現業績目標的信心。

在一次會議上，公司總經理請每一位行銷團隊的管理者制定明年的行銷計畫和業績目標。小劉此前與自己的團隊成員對此事進行過溝通，他的團隊共有 4 名行銷人員，臨近年底他們的業績已接近 1,700 萬，對於明年，四個人分別提報了400萬、400萬、500萬、500萬的業績目標，團隊的總目標是1,800萬。於是小劉便向總經理提報了1,800萬的業績目標，而其他行銷經理卻都在思考計算之中，等所有行銷部門都把業績報完之後，小劉所報的業績在所有的團隊中是最低的。

會後，總經理找到小劉進行討論時，了解了他所報的業績目標是如何產生的。總經理對小劉說：「行銷人員都非常保守，他們習慣根據自己過去的業績完成情況來制定新的目標，而這樣的目標大都沒有挑戰性，甚至不需要努力都能輕鬆完成。這樣的目標很難激發團隊的鬥志，缺乏鬥志的團隊也很難創造更高的業績。」總經理表示，根據小劉團隊的現狀和公司的發展需要，他的團隊業績目標應定在2,000萬左右，總經理建議他根據自己團隊成員的實際情況重新分配業績目標。

小劉按照總經理的建議對業績目標重新進行了分配，給能力突出、業績一直不錯的小王分配了600萬的目標，有一定經驗、業績也比較穩定的小楊和小張的業績目標都定在500萬，而工作不足一年的小陳的業績目標則定為400萬。參加完公司的業務技能強化培訓以後，小劉的行銷團隊成員充滿了自信，都準備在明年大幹一場，爭取業績的新突破。

因此，行銷團隊的管理者要結合公司的發展策略、自己的團隊現狀和市場的競爭動態，來確定團隊的共同目標，並結合團隊成員的個人經驗能力和以往的業績完成情況，來對共同目標進行分配。

④ 目標完成的進度管理

制定了共同目標，並完成了目標分配之後，行銷管理者應積極地動員團隊成員投入到行銷工作中，按計畫執行行銷活動。在行銷計畫執行的過程中，行銷管理者要適時地關注共同目標進展情況，並根據需要及時地調整行動的計畫和策略，還要與團隊成員及時溝通，給團隊成員更多的鼓勵和指導，不斷地激勵團隊成員共同努力確保共同目標的實現。

共同目標實現後，所帶來的成就感和團隊榮譽感，會產生強大的團隊自信，讓團隊的凝聚力得到極大的提升。

積極的團隊文化能夠培養團隊成員的合作進取意識，科學規範的團隊內部管理可以創造和諧的團隊關係，這兩點是形成團隊凝聚力的基礎。而明確一致的共同目標為行銷團隊指明了奮鬥的方向，在團隊成員為共同目標精誠合作、共同戰鬥的過程中，團隊凝聚力會不斷提升，最終形成行銷團隊的強大行銷力。

時間管理

魯迅說過，生命是以時間為單位的，浪費別人的時間等於謀財害命；浪費自己的時間，等於慢性自殺。對行銷人員來說，時間是最重要的資源，珍惜時間就是要提高工作效率，創造更好的業績。行銷人員的時間管理就是對自己的行為進行管理，合理地安排自己的時間，使時間資源的配置達到最優，讓自己的時間實現最大的價值。

行銷人員要管控好自己的時間，就需要提高工作的計畫性，掌握合理分配時間的原則和時間管理的技巧，並調整好自己的身心狀態。

1. 提高工作的計畫性

一隻烏鴉整天坐在樹上無所事事，等到餓極了的時候才飛出去找食物。

一隻小兔子非常羨慕烏鴉的悠閒生活，就問：「我可以跟你一樣整天坐著，悠閒地生活嗎？」烏鴉答道：「當然了，有什麼不可以的？」於是，兔子便坐在樹下，開始了牠的悠閒生活。突然，出現了一隻狐狸，狐狸撲向兔子，結束了兔子的悠閒生活。

凡事豫則立，不豫則廢。不懂得時間管理，隨意散漫，無所事事的行銷人員終有一天也會如寓言中的兔子，在競爭中被別人吃掉。做好時間管理的第一步便是要提高工作的計畫性，減少行動的隨意性。在實際工作中應該遵守以下原則，如圖 8-3 所示。

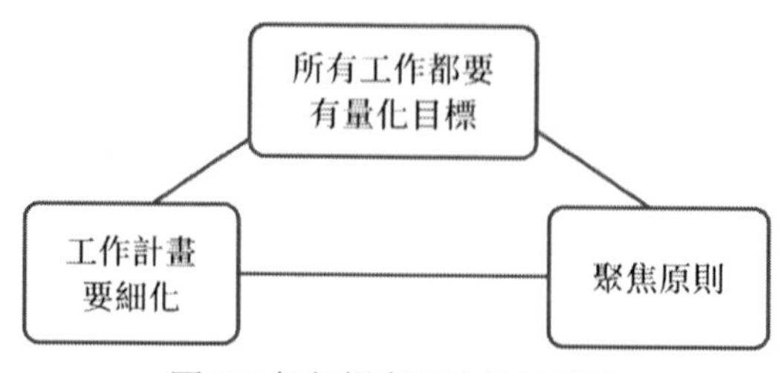

圖 8-3 如何提高工作的計畫性

(1) 工作計畫要細化

根據工作目標制定了總體工作規劃以後，還要規劃時間，每一段時間都要有明確的實施任務，提高計畫的精密性和邏輯性。

(2) 所有工作都要有量化目標

即每天做的事情，需要做到什麼程度都要有可量化的衡量指標。行銷人員可以為自己制定三個層次的目標，即確保目標 —— 不能找藉口，必須完成的量化目標；力爭目標 —— 透過努力改進工作方法可以實現的目標；理想目標 —— 在自己努力的前提下，還需藉助外力才有機會實現的目標。

(3) 聚焦原則

在同一時間只計畫一個目標，所謂一心不能二用，如果在同一時間給自己提出多個目標只會分散時間和精力。只有採用聚焦的辦法才能提高時間的利用率。

2. 合理地分配時間

行銷人員需要掌握合理分配時間的重要原則，主要包括要事優先原則和帕雷托法則。

(1) 要事優先原則

這原則要求人們根據事務的輕重緩急來分配時間，緊迫性是指事務的時間要求，重要性是指事務對實現目標的影響程度。行銷人員可以結合自己的產品特點、公司的行銷模式和產業特性對自己的時間進行歸類分析，把自己的行銷工作事項分為緊急重要、緊急不重要、不緊急重要、不緊急不重要四類。緊急重要的事項優先做，不緊急重要的事項按照計畫堅持做，緊急不重要的事項盡量安排有閒暇的人去做，不緊急不重要的事項推遲做，或讓別人去做。

(2) 帕雷托法則

帕雷托法則又稱 80 ／ 20 法則，是由義大利經濟學家和社會學家帕雷托（Vilfredo Pareto）發現的，最初只是應用於經濟學領域，後來應用到社會生活的各個領域，得到人們的廣泛認同。帕雷托法則指的是在所有的領域中，約 80%的結果是由約 20%的變數產生的。例如，經濟學家認為，80%的社會財富掌握在 20%的人手中；心理學家認為，80%的智慧集中在 20%的人身上；

在行銷中，通常 80%的業績來自於 20%的行銷人員。在時間管理領域我們也會發現大約 20%的重要專案能夠帶來 80%的工作成果，在很多情況下，較為關鍵的 20%的工作時間能夠帶來總效益的 80%。

穆爾（William Moore）於 1939 年大學畢業後，便成為了哥利登油漆公司的一名業務員。

他當時的月薪是 160 美元，但心懷壯志的他為自己制定了月薪 1,000 美元的目標。

一段時間過後，穆爾已經做得得心應手了，他想到了透過客戶資料及銷售圖表，分析一下哪些客戶給自己帶來了大部分業績。他發現，自己 80%的業績都來自於 20%的客戶，同時，他並沒有根據客戶購買量的大小來安排自己的工作時間，他在每個客戶身上花了同樣多的時間。

於是，穆爾將 36 個購買量最小的客戶退回公司，自己全力服務其餘 20%的重要客戶。只用了一年，穆爾就實現了月薪 1,000 美元的目標，第二年他輕鬆地超越了這個目標，後來，成為美國西海岸數一數二的油漆製造商，還成為凱利穆爾油漆公司（Kelly-Moore Paints）的董事長。

所謂大智有所不慮，大巧有所不為。行銷人員應避免將過多的時間花在處理眾多瑣碎的問題上，因為即使你投入了 80%的時間，也只收到 20%的成效，把無關緊要的工作做得再好也是在浪費時間。我們應該將主要的時間用於處理重要的少數問題，因為這些重要的少數問題，將決定我們 80%的業績。

另外，行銷人員還要掌握自己的生理時鐘，總結出自己一天中哪個時間工作效率低，哪個時間工作效率高。把重要的工作安排在工作效率高的時間，合理地安排工作與休息。

3. 掌握時間管理的技巧

行銷人員並不是獨自完成所有的工作的，而是需要與同事和客戶進行合作。所以行銷人員應該提高溝通能力，學會透過拒絕來抗擊干擾，透過合作和授權來提高效率。另外行銷人員還可以運用多種時間管理的工具來管理和控制自己的時間，如圖 8-4 所示。

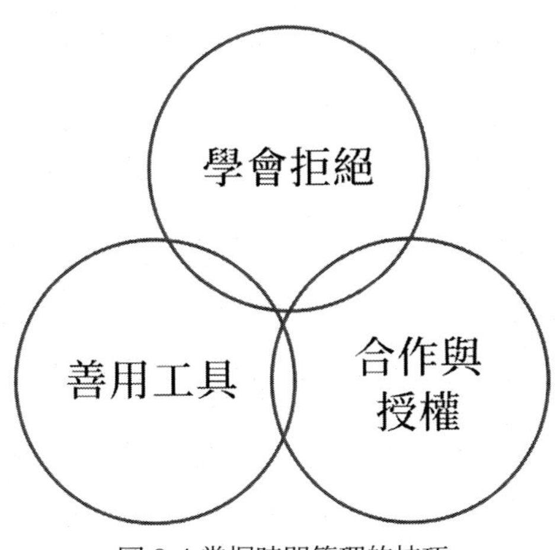

圖 8-4 掌握時間管理的技巧

(1) 學會拒絕

生活中很多人的時間都被別人的各種要求打散得七零八落，使得自己沒有完整的時間來完成重要的工作事項。所以行銷人員要學會說「不」，勇於拒絕別人提出的某些要求，保障自己有一定的不受干擾的時間來完成重要的事情。《時間管理十堂課》的作者羅勃．布萊（Robert Bly）說：「世上最容易犯的錯，就是許下過多的承諾。」當自己實在為難時，應果斷地拒絕別人，不要給別人模稜兩可的回答。如果不能果斷拒絕，只會讓自己陷入被動，把自己搞得焦頭爛額。

(2) 合作與授權

有時很多重要的事情需要我們處理，然而我們沒有足夠的時間和精力去處理所有的事情，有些事情就會轉化為危機，時間長了就會進入一種惡性循環 —— 我們疲於奔命地四處救火，需要我們解決的危機又此起彼伏，所有的危機我們都沒有充分的時間徹底解決。面對這種狀況，我們需要明白自己不可能擅長處理所有的事情，很多事情與別人合作處理可能用很短的時間就能解決；還有一些事情我們處理起來比較麻煩，可能別人輕而易舉就能解決，這樣的事情就可以直接授權給別人來解決。所以行銷人員應與自己的主管、同事和客戶加強溝通，了解別人的優勢和長處，透過合理的合作和授權來提高工作效率，節省時間。

(3) 善用工具

要做好時間管理，還要學會善用時間管理工具，時間計畫表和工作日誌是較為常用的傳統的時間管理工具。運用時間計畫表可以讓一天的工作計畫變得清晰明瞭，按照時間計畫表有條不紊地推進工作，可以有效地提高工作效率。而透過工作日誌，我們可以發現自己工作中的優點和不足，對工作效率低的原因分析，改進工作的方法和技巧，從而持續地提高工作效率。

在科學技術迅速發展的今天，電腦和網路已經滲透到人們生活的各方面。在 IBM、HP 等高科技公司，行銷人員的很多作業流程都是在網路上完成的。現在訊息通訊工具的應用，可以提高行銷人員的訊息管理工作和客戶連繫的效率。另外現在網路上也有很多時間管理的工具軟體和線上的時間管理工具，行銷人員可以根據自己的習慣和需要，選擇適合自己的現代化時間管理輔助工具。

4. 保持最佳的身心狀態

在行銷工作中只有保持最佳的身心狀態，才能充分地發揮職業才能，才會有高效率的職業表現。行銷工作需要面對眾多變化和不確定性，行銷人員往往都有一定的心理壓力，應重視自己的情緒管理能力的提升。

在行銷工作中，遭遇客戶拒絕是常有的事，而心態不同的行銷人員會有不同的反應。甲和乙是同事，最近是市場淡季，他們都遇到了大量的客戶拒絕。甲對自己說：「太好了，這是我鍛鍊自己的好機會，透過改進工作方法，客戶以後會更容易接受我和我的產品了！」而乙卻對自己說：

「唉，我真是倒楣！為什麼客戶總是要拒絕我？真是頭痛。」

不同的心態導致了甲和乙不同的關注點，並影響了他們對自己時間的安排：甲會透過多種方式給自己充電，改善自己的工作方法和技巧；而乙則陷入了持續的自我懷疑和抱怨。我們看到，甲的時間都用在了學習這一重要事項上，而乙卻花了大量的時間來消化情緒。所以，他們的業績對比也就不言自明。

透過案例可以看出，情緒往往會決定我們的關注焦點，而焦點會決定我們的時間安排，並最終影響我們的工作效率。所以說情緒管理對時間管理是非常關鍵的，很多行銷人員存在的時間管理問題，實質上是情緒管理的問題。

人性本是隨性、散漫的，散漫的根本在於自律能力不夠強。加強時間管理的過程是一個學習應用技巧和方法的過程，也是一個正視自己的內心、勇於戰勝自我的過程。這個過程就是從無計畫的隨意性管理習慣改變為有條不紊的計畫管理習慣。而良好的工作管理習慣正是我們創造良好業績、實現更大價值的保障。

提高工作效率

我在與很多公司的行銷團隊主管、經理交流的過程中發現：不同的行銷經理會帶出不同的行銷主管，而不同的行銷主管又會帶出不同的銷售人員，這一點從市場表現上就能很好地回饋出來。有的市場很明顯就能看出來管理規範，且執行到位；而有的市場則表現出執行混亂、標準各異的特性。所以說，行銷主管一定要想辦法提升自己銷售團隊的執行力，只有這樣才能更好地掌握市場、管理市場。

在詢問行銷主管「如何確保團隊的執行力，讓行銷團隊中的每一名成員都能按照你的指示和思路來開展工作」這個問題時，我發現答案有很多，而被反覆強調的幾個詞則是：「標準、監督、示範、嚴格」。那麼，到底有沒有一套提高執行力的系統管理流程？下面我們就一起來探討一下如何提高團隊的銷售執行力吧。

1. 建立標準

所謂標準，就是用來衡量事物的準則，或者判定某一事物的根據。從大範圍來講，我們日常接觸到的有國家標準、產業標準、區域標準、國際標準等；而從小範圍的公司或團隊角度來看，拜訪客戶標準、產品標準、產品分銷標準等這些都是標準。

在行銷團隊管理中，因為每個成員的工作態度、技能、性格等差異，他們在接受行銷主管的同時，也會有不同的理解與表現。對於那些技能強、領悟力高的成員，可能工作效果更容易得到肯定；而那些技能差或領悟力差的成員，做出的結果則可能是漏洞百出。而作為一個行銷主管，一定要注意建立一個完善的人員工作執行標準，這一點至關重要。比如產品分銷標準、人員拜訪標準、促銷品的管理標準、裝置管理標準、通路地點執行標準等。

俗話說，「沒有規矩不能成方圓」，只有在衡量工作的標準清晰且明確的情況下，不同的團隊人員才會按照這個統一的標準去開展工作。而行銷主管也才能依據這個標準做到公正、嚴明，盡可能無偏差地衡量團隊人員的工作優劣。

2. 嚴格執行

建立標準，只是提升行銷執行力的開始，接下來想要取得成果，就必須讓標準得到準確的執行，而這需要做到以下三點。

(1) 解決人心，讓每個成員認同標準

我們說標準很重要，它能夠提升行銷團隊的執行力，可是前提是要讓團隊成員認同標準。只有認同了，才能切實地執行。因此，行銷主管一定要用心引導每一位團隊成員，盡量做到人人能理解，工作有動力。

(2) 對於原則問題要認真看待

所謂標準，就是需要每一個團隊成員去執行的，作為行銷主管，對於原則性標準一定要認真看待，不能隨便放水。只有嚴格要求員工，才能得到高效的執行力。只有你認真看待了，員工才能真正重視，並且嚴格按照標準執行，認真而堅決地履行工作中的各項標準。

(3) 對標準執行到底

做到行銷主管，對於標準要有執行到底的決心，雖然過程中可能存在糾結和痛苦，但是若是半途而廢，只可能會引發相反的連鎖效應，讓行銷主管的領導力和威信也受到負面影響。

3. 監督檢查

監督檢查是行銷主管接下來要做的一項重要工作，同時這也是提升行銷執行力的必不可少的環節。在必要的時候，行銷主管也要行動起來，離開辦公室到市場上、到銷售人員當中去看看。要知道，一個懶惰的行銷主管一定也帶不出優秀的銷售隊伍。行銷主管檢查的方式有以下幾個方面。

(1) 區域內的隨機檢查

在不告知檢查什麼人、去哪裡檢查的前提下，在各區域內隨機抽查，這樣才能得到真實的情況和訊息，而看到的也是不經修飾的執行結果。

一般情況下，檢查的內容有：人員拜訪到達、重要專案檢查、競品情況、產品價格、產品覆蓋率、銷售人員的工作態度等。

(2) 與銷售人員一起陪同檢查，拜訪客戶

檢查的主要內容有：檢查銷售人員的工作技能和行銷技巧，檢查工作流程是否符合規範、各方面的標準是否得到執行、與客戶的交流管道是否暢通等。

檢查之後，還要根據結果進行獎罰，從而鼓勵團隊人員積極行動，這樣一來市場執行力自然會有所提高。

4. 糾正示範

作為行銷主管，可以透過親身示範、以身作則的效應，來提升團隊的執行力。要知道，我們的員工既不是「完人」，也不是超人，每個人都需要一個學習和鍛鍊的過程，作為行銷主管要盡量透過示範讓員工在關鍵問題上少犯錯誤，同時更好地掌握銷售技巧。

不過，行銷主管還要掌握一個原則：不要過分苛責員工，允許員工犯錯，做錯了還可以重來。

有一次，我給某電器公司的區域行銷經理進行了為期一週的系統培訓。在培訓課上，我問了這樣一個問題：「如果銷售人員在執行任務的過程中犯了錯，作為行銷主管應該怎麼做？」

這時，一位區域經理立刻站起來回答說：「犯了錯就要罰，犯一次罰一次，罰多了自然就老實了！」

我沒想到一下子就聽到這樣理直氣壯的答案，鄭重道：「知道為什麼有些行銷主管一天到晚忙得暈頭轉向，可是在下屬面前卻總得到人見人怕、人見人厭的印象嗎？就是因為他們太追求完美，不允許自己的下屬犯一點的錯誤，只要犯錯就會給予嚴懲。其實，在現實中，很多員工就是因為怕犯錯、怕受罰而限制了思維，也抑制了自身的創造力，最後變得越來越瞻前顧後、畏首畏尾，沒有了一點銳氣和衝勁。一個人的天賦和創造力被壓制和掩蓋，又怎麼能要求他真正發揮出自己的潛力，在工作中做得更好呢？」

「金無足赤，人無完人」，在工作中，誰又能真的一點錯誤都不犯呢？團隊執行力，並不意味著嚴苛和沒有人情味。相反，犯錯並從錯誤中學習、進步，這才是人類千百年來得以進步的基本法則，也是行銷主管幫助成員成長的重要方法。不過，在這個問題上，我還要強調一點：

允許員工犯錯和讓員工放任自流絕不等同一個概念，切不可混淆。

而一些行銷主管之所以會用嚴苛的懲罰來禁止員工犯錯，最主要的原因就是想提高執行力，降低因為員工犯錯而帶來的成本和損失，殊不知這樣會壓制員工的工作熱情和創造力，往往會得不償失。

進行有效的溝通

溝通的意義在於理解和傳遞。良好的溝通管理是讓訊息經過傳播後，接受者與發出者的感知是完全一致的。在行銷管理工作中，有效的溝通是非常必要的。

有效的溝通能夠化解工作中的各種人際衝突，實現行銷團隊成員之間的順暢交流，讓大家在情感上產生彼此依賴和信任；使訊息在團隊成員之間達到暢通無阻，在事實問題上清楚明瞭，在價值觀念上實現高度統一；更重要的是，能夠消除成員之間的情感阻隔，鼓舞士氣，減弱憂慮、恐懼等消極情緒，讓行銷團隊之間的凝聚力和向心力得以加強，從而更好地提高行銷工作效率，降低經營成本。

溝通管理如此重要，那麼，對於行銷主管而言，怎樣才能實現行銷團隊的有效溝通呢？

1. 行銷主管要做好溝通示範，形成「上行下效」的作用

在整個團隊的溝通過程中，行銷主管的帶頭示範作用是非常重要的一個要素。在行銷工作中，每個階段工作的良好進行都要依賴於行銷團隊之間的良好溝通，而團隊溝通的品質又依賴於行銷主管的能力。領導能力是有效溝通得以實現的基礎，因此行銷主管一定要注意培養自己的領導能力。

當行銷主管的領導能力和領導權威在團隊中樹立起來後，就能在團隊溝通中形成引導和示範作用，讓下面成員隨著行銷主管的溝通節奏而動，從而將整個團隊引入高效率的溝通節奏。

2. 強調「制度重於一切」，讓溝通有據可依

在強調「制度重於一切」時，還必須注意 3 個問題。

(1) 必須先形成溝通制度

行銷主管要帶頭，召集各成員集思廣益，以達成便於實施的規範化的溝通制度。而且在溝通時間、地點、參與人等問題上要表現出人性化，以促使團隊溝通形成良好的氛圍。

(2) 明確溝通主題

行銷團隊之間的溝通內容大體上包括銷售工作面臨的機遇與挑戰、產業的發展趨勢、市場現狀、公司動態、團隊士氣等方面。在每次團隊溝通過程中，行銷主管要確定一個明確的溝通主題，最好是能引發成員興趣的主題，以便在溝通過程中做到「有的放矢」。

(3) 團隊溝通要形成考核細則

特別是溝通結束後，要形成總結報告，最好將溝通的內容、效果等都做好詳細的量化紀錄，以做日後的考核和監督之用。

3. 溝通管理要從細節入手

從細節入手，這需要要求行銷主管從以下幾個方面控制溝通節奏，讓溝通更高效。

(1) 保持冷靜，不將個人情緒帶入溝通中

因為情緒的波動很容易對接收的訊息造成理解偏差，另外還要注意自己在溝通過程中的眼神、表情、動作等，不做負面的肢體語言。

(2) 引導團隊成員學會積極傾聽

單純地張開耳朵聽的行為是被動而低效的，而積極的傾聽則意味著對訊息進行積極主動的搜尋，同時積極傾聽也意味著對發言者的積極響應與接受。人們在接收到與自己的相反或不同的理論時，往往會在心裡重申自己的想法並反駁他人所言，這樣一來就很容易錯失一些訊息。而積極的傾聽者則要做到在別人發完言，獲得完整的訊息之後，再進行質疑或反駁；否則可能會因為聽到的隻言片語，而錯失至關重要的訊息。

(3) 行銷主管也要多嘗試換位思考

溝通不僅要專注，也要能移情，也就是常說的「換位思考」。將自己放在發言者的立場，更容易理解對方的意思，不要輕易打斷他人的講話，這樣能夠展現彼此的尊重，同時確保你所傾聽和理解到的更能符合說話者的本意。

(4) 選擇合適的時機複述重要內容，或者要求發言者「複述」

在溝通的過程中，一些重要內容可能需要重申多遍才能確保每個參與者都清楚地聽到和理解。據統計，對於訊息的誤解或者錯失是造成很多溝通問題的重要原因，要解決這一問題就要注意在適當的時機，多次複述重要訊息。這樣做，一方面能夠滿足發言者的自尊心，讓其感受到自己發言的重要性；另一方面也能確保每個團隊成員準確地接收和理解訊息，可謂一舉兩得。

4. 行銷主管要注意設定溝通方案，讓溝通有序進行

在溝通的過程中，行銷主管要注意引導他人。最好在進行團隊溝通之前，先設計一下溝通指令，讓溝通朝著自己期待的方向有序進行。行銷主管只有對溝通節奏了然於心，才能更好地控制和引導團隊之間的溝通。引導溝通節奏，可以從以下幾個方面入手，如圖 8-5 所示。

鼓勵成員發言	控制好各人發言時間	善於提問，掌握溝通節奏	對於有爭議的問題，要以誠相待

圖 8-5 行銷主管如何引導溝通節奏

(1) 鼓勵成員發言

鼓勵成員發言時，行銷主管要盡量做到讚美對方，這樣能夠有效鼓勵對方積極發言，暢所欲言，對成員的講話表示贊同。有時甚至只是一些簡單的非語言提示，都能造成很好的鼓勵作用，比如積極性的目光接觸、讚許地點頭或者恰當的臉部表情等，這些都能讓成員感覺到你對他的尊重和重視。

(2) 控制好各人發言時間

鼓勵成員選擇措辭並組織訊息，在將溝通形式通俗化的同時，盡量突出重點，做到言簡意賅。同時，行銷主管也要注意盡量不中斷發言者的講話。

(3) 善於提問，掌握溝通節奏

行銷主管可以透過適當的提問，將其他成員引入團隊交流中。另外，透過詢問也能得到更加準確的訊息，以達到支撐自己觀點的目的。

(4) 對於有爭議的問題，要以誠相待

在團隊溝通中，如果遇到爭議性頗大的問題或者讓行銷主管難堪的話題，也不要迴避，應該做到以誠相待，讓大家把各自不同的觀點說出來，並且根據多方收集到的訊息和方案，共同協調確定一個最終方案。

5. 引導員工在溝通中學會自我總結

在溝通的後續階段，行銷主管應該注意讓員工進行自我總結，然後得到一個讚美或表態式的結論。

其實，每個銷售人員都更願意按照自己的意願做事，而不是在別人的建議或者指導下工作。因此，在這裡讓員工做自我總結的目的，就是引導對方認同團隊溝通的結果，並且積極投入到接下來的工作中去。要知道，這樣一來員工會從潛意識裡認為這是自己想要做或者應該做的事情，而不是行銷主管強令他們做的事情。

這種讚美或表態式的自我總結，會讓員工在溝通中獲得成就感、自豪感與自尊心，這不僅有利於後期的團隊溝通工作，還能為鼓舞團隊士氣、取勝市場打下良好的基礎。

6. 一定要將溝通的結果落實，並嚴格監督執行

許多行銷團隊之所以達不到高效的溝通效果，甚至溝通的結果往往是無果而終，其根源在於缺乏監督、執行不力或者「有令不行」。因此，

行銷主管一定要注意制定出明確的監督和執行制度。而這需要注意以下幾點。

(1) 確保溝通的及時有效性

要確保整個團隊內部的溝通管道暢通無阻，重要的市場訊息或者其他訊息能夠迅速而及時地出現在行銷主管的辦公桌上，這樣才能更好地領導團隊、掌握市場。

(2) 溝通必須納入統一的考核之中

在進行團隊溝通之後，行銷主管最好能夠要求所有團隊成員提交一份學習報告，並且與自己的工作心得相結合，提出一些新的意見和看法。

(3) 由行銷主管領頭，把溝通得出的結論運用到實際行銷工作中去

真正有效的溝通是在實現銷售技術資源共享的基礎上，整合所有訊息，以指導整個行銷團隊的市場行為，這樣才能更好地降低市場經營風險，提升行銷團隊的工作效率。

某公司舉辦了一場「決勝終端」的系列行銷活動，並且透過這種持續的現場促銷活動獲得了不錯的銷售業績。

這時候行銷團隊就需要進行一次高效的市場溝通，並且透過溝通總結行銷活動中出現的各種問題，以及各種因素的利弊，最終制定出接下來的行銷方案，比如加強宣傳手冊的印發、進行媒體預熱、準備禮品、社群發布、賣場促銷等。只有達到這樣的溝通效果，我們才認為行銷團隊的溝通是有效的。

總體來說，行銷團隊的溝通管理要執行以下步驟：設定一個大家感興趣的溝通話題——在溝通中注意細節，學會換位思考——控制溝通節奏，按照設計好的溝通指令循序漸進——讓成員自己做溝通總結，認同溝通結果——將溝通結果或結論運用到實際行銷工作中去。

只有這樣，才能真正實現行銷團隊之間的有效溝通。當然了，因為行銷主管的領導風格、團隊成員的組成、溝通的場景等各有差異，致使每個行銷團隊之間的溝通也存在不同的技巧與方法。所以說，行銷團隊的溝通管理並不應該拘泥於固定的模式，只要掌握好根本原則和步驟，就能在變化中實現高效的溝通管理。

第九部分

放眼行銷的未來

離開「舒適圈」

傳統的行銷觀念認為，公司的行銷人員只有充分地接觸客戶，才能賣出更多的產品。而如今「先生產再銷售」的模式已經顯得落伍了，公司和客戶之間的客情關係變得更加親密，新型的客情關係鼓勵消費者積極地參與產品創新，消費者逐漸成為公司締造新產品的合作夥伴。

如今，在技術驅動、高度競爭的市場環境中，爭取客戶資源變得尤為重要，傳統的行銷模式已經不再具備競爭優勢。要在新的環境中取得成功，行銷人員需要充分利用強大的現代分銷和溝通管道，發展出整合的、系統的客戶感知與響應模式，在行銷過程的各個環節加強與客戶交流和合作。

1. 運用新技術發展新型客戶關係

透過精心培育的高參與度的客戶關係，可以幫助企業取得突破性的成就，在未來的市場競爭中，客戶參與對企業有著極其重要的意義。新技術的運用可以幫助行銷人員，更清晰地了解客戶的購買動機。同時，資訊科技的發展也在不斷地影響著客戶參與的程度和方式，使行銷人員和客戶獲得了更多的機會與能力。資訊科技顛覆了傳統的訊息不對稱的模式，發展出一種更加平等的訊息互動平台，任何市場利益相關方都能夠在互動平台上，獲取各類市場訊息和數據。

良好的客戶互動對企業的重要性是不言而喻的，現在公司可以透過網路廣播、影片分享、部落格、社交網路等多種成熟的管道與客戶互動。

行銷人員應合理地使用這些資源，向目標受眾傳遞公司的價值主張和品牌訊息。運用這些工具，行銷人員能夠以更加優化、高效的方式深入包括利基市場在內的各個細分市場，並加深與市場的連繫。

這些工具都可以實現雙向溝通，在網路平台上消費者可以非常便捷地收集某個品牌的訊息，並在與自己的家人、朋友和網友分享自己對此品牌的評價的過程中，實現品牌的傳播和推廣。對於行銷人員來講，網路的運用可以使他們更好地傾聽客戶意見，並形成有效解決客戶問題的洞察力。

為了更好地了解女性消費者，某美妝公司與某網站的健康頻道共同建立了一個針對女性消費者的網站，並努力把網站打造成為女人們探討美容、減肥、健身、生育、家庭教育等各類生活話題的社群論壇。該社群一方面是該公司的產品和品牌的有效行銷平台，同時也已成為消費者對各種產品或品牌發表評論的訊息集中地，為該美妝公司建立資料庫，繼而研究消費者行為提供了大量的訊息來源。

大量深度的客戶參與，可以幫助行銷人員預知客戶的需求，並與他們協力解決問題。行銷人員應與客戶發展更加緊密的關係，並引導和鼓勵客戶發表和傳播能夠強化品牌的積極評論。藉助社交網路的巨大影響力，這種口碑傳播能夠聚集眾多的客戶關注，形成重要的品牌資產。

2. 求同存異應對全球競爭

技術的進步也在推動著全球化的發展，全球化解構了眾多原有的壁壘，不斷拉近著人們之間的距離，但全球化並不會抹殺全部的差異。行銷人員在世界不同的國家和地區開展業務時，需要充分地重視當地在文化語言、法律、行銷目標和供應鏈系統方面存在的差異。

例如，在亞洲各個幅員遼闊、歷史悠久的國家，如果行銷人員簡單地照搬西方標準的行銷模式，是很難取得成功的。但如果認為亞洲市場與歐美等西方市場沒有任何相似之處，也有失偏頗。實際情況可能更為複雜，行銷人員必須採用求同存異的思維，認清亞洲市場的機遇和挑戰，並作出有針對性的回應。

行銷人員在以複雜的地緣政治和差異化的文化力量為象徵的全球性競爭環境中，發現和研判新的市場機遇時，需要跳出思維的舒適區，去認知情勢、分析問題。

3. 以訊息化的感知能力掘金「即時經濟」

未來消費者需求的即時性和個性化趨勢將越來越明顯，這就需要行銷人員具備預見趨勢變化的洞察力，擁有管理不確定性的卓越膽識，還要有適應新環境，捕捉新價值的強烈意願，來掌握「即時經濟」的市場機遇。

管理訊息和資訊產業是「即時經濟」發展的基礎，因此，那些擁有競爭性的訊息能力的企業能夠更加敏銳地感知市場需求並作出快速反應，贏得市場先機。這些企業能夠製造出更多符合消費者需求的原創產品，並獲得豐厚的市場回報。此外，利用先進的技術和豐富的訊息資源，這些企業可以快速地透過個性化的定製產品，實現更高的市場價值。在「即時經濟」快速發展的同時，以製造業為代表的「傳統經濟」模式仍會長期存在，市場行銷人員需要整合地運用新興模式和傳統模式，應對快速變化的市場環境。

4. 透過創新應對產業危機

商業模式創新、產品創新和工藝創新，共同影響著企業面對變化和不確定性的感知和反應能力。對於取得市場成功的每個要素都是至關重要的，要決勝行銷的真正未來，企業必須採用全新的思考方式檢視各種商業模式。

企業的領導者需要具備高瞻遠矚的遠見和寬闊的全球視野，並運用橫向思維分析出市場潛在的威脅和機遇，並實施積極的策略行動。

以航空產業為例，如今各大航空公司之間的市場競爭正在不斷加劇，然而視訊會議系統卻已逐漸成為航空公司業務增長的新的威脅因素。雖然普通會議更能夠提高人與人之間的親密度，然而視訊會議技術的發展成熟和普及推廣，必然會造成商務旅行人次的大幅度減少，在不景氣的經濟形勢下視訊會議的低成本優勢則更具吸引力。

設想一下，航空公司收購一家電話會議公司，並對收購對象的業務進行整合創新加以利用，就可以為航空公司的優質客戶提升工作效率提供便捷的途徑，從而將機場貴賓休息室打造成新的利潤中心。

商業模式的創新來自於對企業核心業務的顛覆性思考，在 Google 成立之前，市場上的其他搜尋引擎公司只是把客戶當做簡單的執行搜尋的人，而 Google 卻看到了以搜尋內容為中心發展新業務的可能性。

在未來，希望創造新的市場規則和格局的市場行銷人員，需要更好地運用多種技術為客戶提供多樣性的服務。在全球化商業時代，有價值的模式創新將不會受到地域的限制。在未來，全球各地將在解決社會問題方面表現出各自的創造性思維。所以，未來的行銷方式將必須採用真正的「全球視角」，並需要發展出一種全新的、「超越商業」的價值評價體系。

也就是說，我們必須在未來的行銷中採取符合社會企業家精神的一些做法，未來的行銷活動將在諸如消除貧困、疫病和環境汙染及改善落後地區的教育水準等領域帶來改變。只有創造更高的社會效益，行銷才能在凝聚人心方面取得更大的成功，從而真正地掌握未來的市場機遇。

細分市場，藉由差異化贏得競爭

其實，如今的市場競爭就像一次國際馬拉松大賽，最初的速度與爆發力已經不能決定最終的勝負，耐力、意志與智慧才是真正的決定性因素。

而精細化行銷，便是這場馬拉松大賽中意志與智慧的展現。

細分市場又是精細化行銷的精髓所在，所謂細分市場就是要精準地鎖定目標客群，將有限的資源集中起來，以差異化競爭策略在市場競爭中取勝。在越來越激烈的市場競爭中，也有一些品牌透過自己的精細化行銷策略取得了不錯的成績。

在某高階衣櫃 A 品牌中，其市場定位就非常精細、精準，該品牌將目光瞄準了高消費客群的臥室，理性的定位是「有錢人臥室家具」，感性的定位是「有錢人的生活方式」。

A 品牌將自己的消費族群精準定位為高階消費族群，如菁英、名人、富人等，這部分客群大多是 35 歲以上，具有較高文化素養、社會地位和經濟能力。該品牌面對目標客群，聚焦資源，進行精準行銷，在優化配置企業資源的基礎上，重點打造具有法國浪漫氣息的生活方式與裝飾風潮，以滿足目標客群對高品質、高品味家居生活的需求。

一個企業進行市場定位的本質，便是在目標客群心目中樹立相對應的品牌形象和價值取向。對企業或品牌而言，顧客心中對其產生的印象便是最珍貴的、不可替代的「心智資源」。而類似 A 品牌這種以高階消費族群為市場定位的品牌，重點營造的便是一種身分的象徵，以及上流社會風潮的風向。顧客一旦有高階的家具需求，便會自然而然地聯想到這類品牌。

而這也是細化市場得以成功的根本原因：精細化、精準化定位，搶占目標客群的心智資源，在目標客群有需求時讓自己成為其首要選擇。然而，精細化行銷還不僅僅是細分市場這樣簡單，在差異化策略中，經濟價值、情感價值、體驗價值等可以成為企業有別於其他企業的亮點。

下面，我們看看從經濟價值、情感價值、體驗價值方面進行精細化行銷的策略，如圖 9-1 所示。

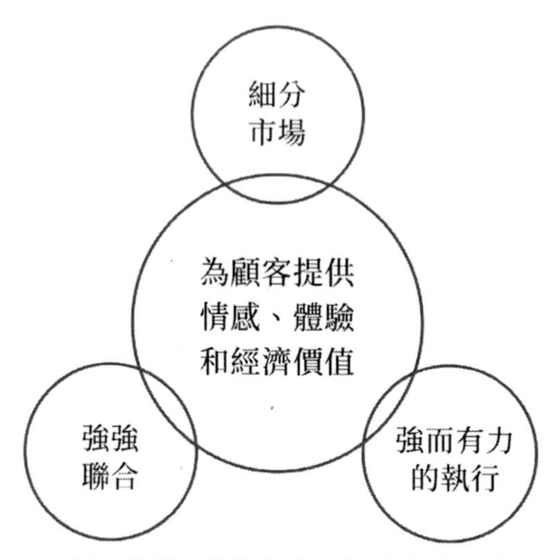

圖 9-1 為顧客提供情感、體驗和經濟價值

1. 先以細分策略為基礎，將各種價值性顧客加以區分；
2. 建立強而有力的執行體系，讓顧客感受到服務的差異化與精細化；
3. 透過品牌聯合策略實現強強聯合，鞏固差異化戰果。

1. 細分市場

精細化行銷的開端就是要對顧客進行正確的細分，「顧客第一」無疑是企業應該掌握的首要原則，而在此基礎上，還要清楚哪些是排在第一位的目標客戶，哪些是排在第二位、第三位的客戶。

細分策略的目的是形成一種「更少投入、更深入聚焦目標客戶、更多利潤」的策略模式，具體來說，就是對高盈利性顧客投入更多精力和資源，盡可能提升中低層盈利性顧客的購買力，而對那些無利潤顧客（也就是非目標客戶）要停止行銷計畫，以節省行銷資源。

比如澳洲某重型機械託運公司的例子，因為認知到一部分顧客所能帶來的利潤遠不及公司在他們身上的耗費，於是該公司提升了無利潤顧客的非機械費用，而且果斷放棄了一部分無利潤顧客，最終這種策略不但沒有影響其營業，反而使公司的營利上升到 800 多萬美元。

2. 強而有力的執行

強而有力的執行是企業進行差異化行銷策略的核心策略，它包括：全面的接觸點服務、以人為本的顧客文化、恰到好處的組織結構，以及 360 度的顧客訊息制度化，如圖 9-2 所示。

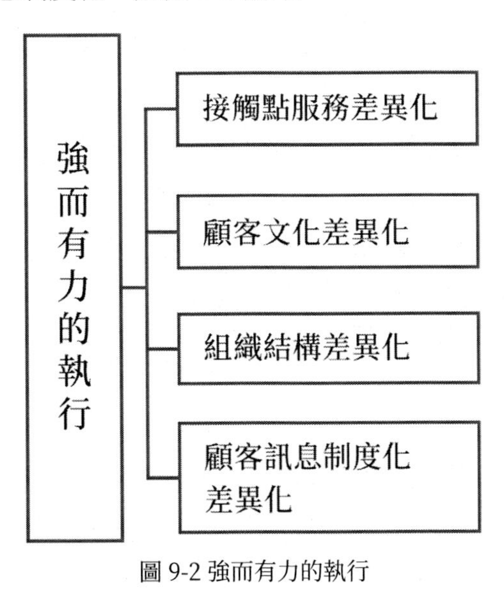

圖 9-2 強而有力的執行

(1) 接觸點服務差異化

接觸點服務是讓顧客體會到差異化服務的核心手段。想要提升客戶體驗，不僅僅是關注與外界有所接觸的某一個或幾個部門，而是在於掌握員工和顧客接觸的每一個真實瞬間，在於提升每一個員工的服務品質，向顧客傳遞高品質的服務體驗，讓顧客體會到服務的差異化。

接觸點服務的差異化具有不言而喻的重要性，在這一方面，卓越的企業都能做得很好，就如戴爾傳奇式的成功離不開印在公司 DNA 上的幾個字：「顧客體驗：擁有它！」

(2) 顧客文化差異化

以人為本的顧客文化能夠幫企業帶來巨大的有別於其他企業的亮點與競爭力，而形成顧客文化差異化的前提則是員工的忠誠。一般情況下，那些具有較高員工保有率的企業，往往也具備較好的顧客文化，以及較高的顧客維繫率。

(3) 組織結構差異化

組織結構的優劣能夠在相當程度上展現企業的核心競爭力。企業應該透過提高顧客忠誠度、傳遞產品和服務、研究市場策略、獲取保有顧客、技術和收集利潤等方面，建立一個強而有力的顧客至上的流程化組織結構，以便實現顧客的差異化體驗。

(4) 顧客訊息制度化差異化

360 度的顧客訊息制度化能夠幫助企業提升對外界反應的速度，這樣一來在遇到顧客投訴等問題時，能夠快速辨別與解決，這對於提升對每個顧客的服務等級，提升顧客的滿意度非常有利。

3. 強強聯合

如今的市場已經變得擁堵不堪，相似的產品也比比皆是。面對高度同質化的產品與服務，顧客在做出購買決定時也變得猶豫不決……在如今的商業環境中，企業想要在市場競爭中勝出，就必須在傳遞顧客價值的能力上獲得一定的優勢。而這就對參與滿足顧客要求的所有同盟者提出了新的要求——即同盟中的所有人包括供應商、策略合作夥伴、供應鏈合作夥伴等都要相互配合，形成強而有力的策略聯盟，以實現每個環節的精細化行銷與差異化優勢。

建構人才策略

行銷是企業競爭的最前線，企業要想在市場競爭中取勝，就需要透過市場調查了解客戶的真實需求，並結合產品特性，制定實施正確的行銷策略戰術。而這一切工作都需要有優秀的人才來完成，因此企業的競爭在某種程度上就是人才的競爭，人才是企業行銷策略的核心競爭力。為了取得行銷戰爭的勝利，企業應該根據自身發展的需要，做好行銷人才儲備、行銷人才培訓、行銷人才激勵等工作，建構人才策略，打造企業行銷的核心競爭力。

1. 行銷人才儲備

人們常說：「是金子總會發光的。」但是千里馬也需要伯樂的慧眼來發現，行銷人才選用機制，就是要尋找拉動企業發展的「千里馬」。

企業在建構行銷團隊時應該堅持「不唯學歷看能力、不唯資歷看業績」的用人標準，結合企業的發展需求，透過公開應徵、內部晉升、獵人頭公司、業界朋友介紹等方式，選用企業的行銷策略人才、行銷戰術人才、行銷執行經理和行銷人員等各層次人才，建構企業的行銷團隊。企業還需要透過全方面綜合測試和評估，對引進的行銷人才進行準確的工作能力評估和工作內容設計，把合適的人放在合適的地方。企業在人才選用機制上的差別，會在相當程度上決定企業在市場競爭中的成敗。

在企業發展過程中，因人才流失產生空缺職位時，企業一般透過外部應徵和晉升內部人才兩種方式來補充空缺。通常來講，自己培養的人才更加理解企業的文化，認同企業的價值觀，而且企業對他們的了解也較為充分，可以把人才的「道德風險」降到最低；而外部應徵的人才，會在較短的時間內達到企業的業務和技能要求，並會為企業帶來某些獨特、創新的東西，為企業注入活力。企業應結合自身需求，在合適的時間採用合適的人才選用方式，為企業的發展提供充分的人才儲備保障。

另外，值得注意的是行銷人才進入一個企業後，一般需要一定時間的業務經驗和客戶維繫的累積，工作能力才會充分表現出來，實現業績上的突破。企業應謹慎地在短時間內對業績無法有所提升的員工做出否定，因為這會極大地影響行銷團隊的士氣，還可能會產生諸多意想不到的反效果。行銷人才儲備對企業而言應是一項長期投資，短期來看可能會增加企業週期的成本，而長期來看則會相對降低企業的成本，因為優秀行銷人才能夠創造更高的利潤，行銷人才的選用應該換個思維去思考，它使用的不是企業成本，而是投資，一種高回報率的長期投資。

2. 行銷人才培訓

一個充滿戰鬥力的行銷團隊除了要有眾多優秀的行銷人才，還應該有優秀的教練式的行銷管理者。企業的發展除了建立、完善行銷人才選用機制，還應該加強對行銷人才的培訓，提高行銷人才的工作技能。

企業需要結合企業的實際情況和行銷人才的能力，合理地安排培訓時間，綜合運用外部講師集中培訓、銷售明星案例分享等方式對行銷人員進行培訓。企業對行銷人員的培訓通常包括以下內容，如圖 9-3 所示。

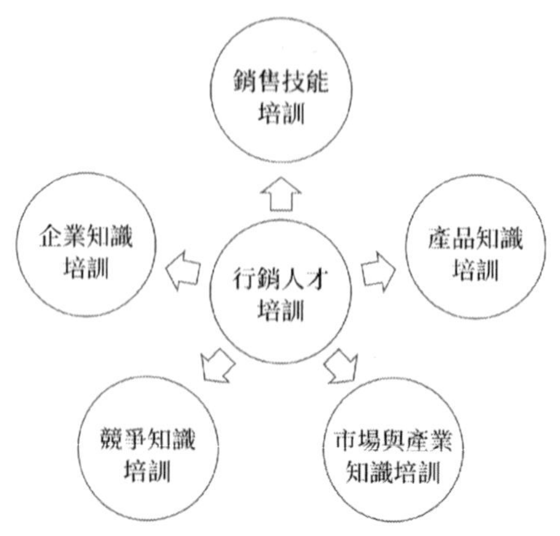

圖 9-3 行銷人才培訓的 5 點內容

(1) 銷售技能培訓

一般包括推銷中的聆聽和表達技能、時間管理、談判技巧、客戶辨別、客戶拜訪、產品說明、客戶服務、排除客戶異議、達成交易、售後工作、市場銷售預測等內容。

(2) 產品知識培訓

產品是企業和市場的連結紐帶，行銷人員應十分熟悉自己銷售的產品。產品知識培訓通常包括：企業所有的產品線、品牌、產品屬性、用途、產品的構造原理、材料、設計、工藝，產品的使用、維修保養。在了解自己產品的同時，行銷人員還需要了解競爭產品的相關知識。

(3) 市場與產業知識培訓

行銷人員需要了解企業所屬產業與總體經濟形勢的關係，學會分析經濟波動如何影響客戶的購買行為，認清客戶在不同經濟形勢下的購買模式和特徵，學會根據總體經濟環境的變化調整自己的行銷策略。還要充分了解不同類型客戶的購買模式、採購政策、服務要求和習慣偏好等。

(4) 競爭知識培訓

了解競爭者的產品價格與服務、客戶政策等，透過與競爭者的比較，認清企業的優勢和劣勢，提高企業的市場競爭力。

(5) 企業知識培訓

讓行銷人員充分地了解企業，並融入企業文化中，增強對企業的忠誠度，從而更好地為客戶服務。具體包括：企業的發展歷程、企業的規模和成就、企業的責任使命和價值觀、企業的願景、企業的制度等。

3. 行銷人才激勵

目前所有的企業都面臨著複雜多變的外部環境和日益加劇的市場競爭，這意味著行銷人員需要承受巨大的工作壓力，從事艱苦的高強度的工作。

行銷人員必須在高度激勵的狀態之下，才能有效地應對超高強度的工作要求，這就需要企業進行有效的短期物質激勵。而要使行銷人員能夠持續保持開拓市場熱情、創新的動力、強烈進取心，長久展現出最佳的行銷狀態，企業還需要進行有效的長期精神和文化激勵。在行銷人才激勵的過程中，企業應遵循以下原則。

(1) 實事求是的原則

要了解行銷人員物質和精神生活的客觀實際需求，並進行激勵，才具有合理性和現實性，才能產生最佳的激勵效果。

(2) 公平合理原則

行銷激勵應以績效考核為依據，公平合理地實施激勵，才能激發行銷人員的主動性和積極性。

(3) 物質激勵和精神文化激勵相結合的原則

在實施行銷激勵時，既不要過分偏重於物質激勵，也不能把精神激勵看成萬能鑰匙，而是把兩者結合起來。在保障行銷人才客觀的物質需求的同時，還要尊重優秀行銷人才對於成就感、榮譽感和自豪感的需求，為業績突出的行銷人才提供良好的晉升管道，並保障他們的建議權、質疑權和獲得支持的權力，為他們的成長和發展提供機會。

企業在建構行銷人才策略的過程中，首先要透過建設合理的人才選用機制來選對人，然後要透過完善的行銷人才培訓體系來練好兵，最後透過合理的行銷人才激勵機制鼓舞士氣。這樣才能讓企業的行銷團隊兵強馬壯，鬥志昂揚，在市場競爭中決勝千里。

整合行銷

進入 21 世紀，網際網路已經滲透到人們生活的各方面，獲取訊息變得更加便捷，市場中訊息不對稱的問題得以弱化，口碑傳播的作用日益突顯。

在新的市場環境中，單純地追求對大眾進行訊息灌輸的行銷傳播方式已經行不通了，行銷傳播已經進入了以傳播溝通方式創新、媒體的創新和內容的創新去影響消費者的行銷 3.0 時代。

在行銷 3.0 時代，多樣化的行銷手段和工具讓很多企業陷入了選擇困境，而美國西北大學市場行銷學教授唐．舒茲（Don Schultz）提出的整合行銷，則是強調以系統思維把包裝、廣告、銷售促進、人員推銷、直接行銷、事件、贊助和客戶服務等各個獨立的行銷工作綜合成一個整體，追求協同效應。整合行銷理論可以幫助企業策略性地檢視和整合行銷體系、產業、產品和客戶，從而制定出符合企業實際情況並且適應新的市場環境的行銷策略。

1. 整合行銷傳播的特徵

舒茲認為，整合行銷傳播的核心思想是：透過整合企業的內外部資源，重構企業的生產行為與市場行為，為實現企業統一的傳播目標策動一切積極因素。整合行銷強調與客戶進行多方面的接觸，向客戶傳播清晰一致的企業形象，有兩個具體特徵：

1. 在整合行銷傳播中，把消費者放在核心地位，把培育消費者價值觀作為行銷傳播的核心工作，以建立資料庫為基礎深入全面地了解客戶，與高價值的客戶保持持續緊密的連繫。
2. 以任何可以向消費者和潛在消費者傳遞品牌、產品和相關市場訊息的經驗和過程作為傳播媒介，整合運用各種媒介進行行銷傳播，傳播的各種訊息要求內容清晰一致。

2. 整合行銷的內涵

科特勒在《行銷管理》（*Marketing Management*）一書中講到實施整合行銷，就是要求企業裡的所有部門都為客戶的利益而協同工作；整合行銷主要包括兩個層次的內容：一是廣告、銷售、產品管理、市場調查、售後服務等不同行銷功能必須協調完成；二是企業的行銷部門要與生產部門、研究開發部門等其他職能部門之間協同合作。

一般來說，整合行銷包含水平整合和垂直整合兩個層次的整合。

(1) 水平整合（圖 9-4）

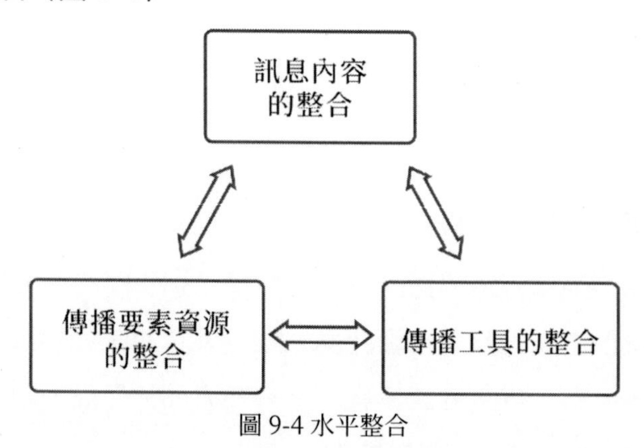

圖 9-4 水平整合

訊息內容的整合

企業需要根據傳播目標，對與消費者接觸的所有活動所傳達的訊息內容進行整合，保持訊息內容的一致性。

傳播工具的整合

企業需要根據不同類型客戶接受訊息的管道，評估各種傳播工具的傳播成本和傳播效果，整合運用各種傳播工具，發展出最高效的傳播組合。

傳播要素資源的整合

企業的所有生產行為和市場行為都在向消費者傳播訊息，所以企業需要對所有與傳播相關的人力、物力、財力等各種資源進行整合。

(2) 垂直整合（圖 9-5）

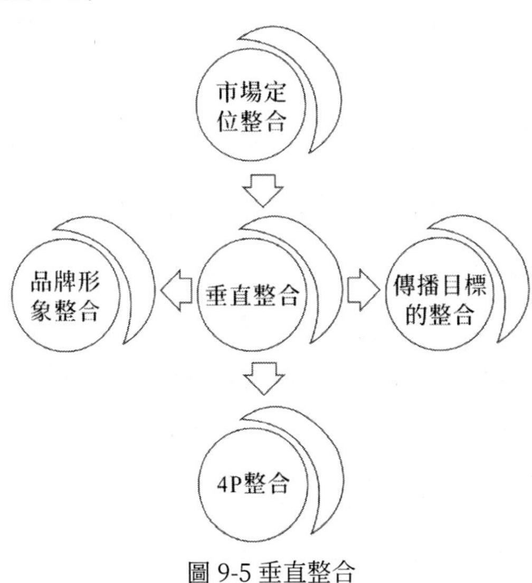

圖 9-5 垂直整合

市場定位整合

基於不同的細分市場和不同的產品特徵，每個產品都有自己的市場定位，企業所有的行銷傳播活動都要與企業的市場定位保持統一。

傳播目標的整合

在確立了市場定位以後，企業需要根據市場定位制定知名度、美譽度、訊息內容等具體的傳播目標，並保持不同目標間的協調一致。

4P 整合

企業需要根據產品的市場定位設計統一的產品形象，產品、價格、通路、促銷之間要協調一致，避免產生矛盾衝突。

品牌形象整合

企業需要對產品品牌辨別的名稱、象徵、基本色三大要素進行整合，建立統一的品牌形象。

3. 整合行銷的實施技巧

(1) 在行銷中融入搜尋思想

社群行銷、部落客行銷、新聞行銷、社會化媒體行銷、影片、網路公關等行銷方式都需要透過搜尋與客戶進行接觸，所以這些行銷方式都需要融入搜尋思想。

(2) 社會化媒體行銷要引入網路公關機制

社會化媒體能夠與客戶進行良好的互動，並透過客戶的分享迅速地傳播訊息，具有有巨大的影響力。一旦產生負面訊息則會形成巨大的破壞力，有很多企業都在社會化媒體傳播中爆發了危機，這就需要企業即時監控客戶的反應，如果發現客戶有負面反應，便及時處理，避免事態擴大。

(3) 新聞行銷和社會化媒體相結合

一個事件發生以後，首先運用新聞報導的形式進行推廣，然後以新聞報導為話題運用社會化媒體進行傳播，而社會化媒體產生的言論又可以成為新聞行銷新話題。

(4) 影片行銷和廣告行銷相結合

影片行銷可以運用潛移默化的方式進行傳播，而廣告行銷則是訊息灌輸式的傳播，兩種行銷方式相結合可以產生更大的衝擊力。

下面我們看一下日本化妝品品牌 DHC 是如何整合運用多種行銷方式開拓亞洲市場的。

DHC 是日本著名的護膚品牌，它進入亞洲市場的時間比很多歐美品牌晚很多，但是 DHC 憑藉化妝品行銷的優勢，在亞洲的銷售非常成功。

基於對亞洲市場的深刻認知，DHC 在網路整合行銷上表現得非常出色，並不輸於其他國際品牌。

DHC 將自己的銷售模式比喻成化妝品產業的「戴爾模式」，他們採用了與戴爾類似的通訊銷售模式，DHC 並沒有進駐賣場和開設專賣店，而是主要透過目錄銷售、電話銷售和網路銷售形勢，將產品直接銷售給消費者，節省許多不必要的中間流程，帶給購買 DHC 產品的消費者更多的實惠。

DHC 的產品涵蓋了特別護理、基礎護理、彩妝、化妝用具、香水和特別組合，總共六大品系的百餘種產品。採用通訊銷售模式節省了很多中間流程費用，使得 DHC 可以投入更多的資金進行產品研發和市場調查，從而不斷地完善產品線和提升產品品質，為消費者提供更大的選擇空間，更好地滿足消費者的個性化需求；行銷成本的降低，也使得 DHC 可以為消費者提供具有競爭優勢的產品價格。DHC 的產品理念是「相同品質，價格最低；相同價格，品質最好」。幾十年來這一理念為 DHC 吸引了眾多精明的女性消費者。通訊銷售模式的實施，杜絕了假貨的流通，也使客戶足不出戶就可獲得自己心儀的產品，並且可以憑自己的感覺去判斷，避免受到賣場銷售人員的誘導，減少了非理性消費和購物的壓迫感，因而贏得了眾多消費者的青睞。

DHC 的立體傳播

為了讓目標受眾迅速地了解自己的化妝品系列產品，DHC 充分利用報紙廣告、電視廣告、車身廣告等多種媒介進行立體傳播，品牌很快便深入到消費者之中。同時，DHC 還透過免費試用等方式鼓勵消費者體驗 DHC 的產品效果，進行體驗式行銷。如天然基礎護膚六件裝的免費體驗活動，市場反應非常熱烈，顧客透過簡訊掛號的方式參與活動，只需在手機中扣除掛號費，顧客就可以獲得護膚組，這一人性化的服務使 DHC 獲得了眾多的忠誠客戶。

DHC 的會員制

會員制是 DHC 通訊銷售模式的亮點，顧客只需透過電話或網路參加 DHC 的免費試用活動，或訂購 DHC 商品就會自動成為 DHC 的會員，會員無需繳納任何費用。DHC 會員可以優先獲得新上市產品的免費試用品，還可獲贈由 DHC 主辦的《橄欖俱樂部》雜誌，雜誌包含了美容體驗訊息、美容化妝課程、產品目錄與訊息等內容，是 DHC 與會員之間進行訊息溝通的重要平台。此外，DHC 還為會員提供了積分換禮品等多項優惠。採用會員制使 DHC 與消費者之間的關係更加緊密，也讓更多人更加關注 DHC。

DHC 的通路整合

為了提高消費者獲得產品的便利性，DHC 整合了多種銷售管道。DHC 在自己的網站上為消費者提供了便於操作的電子商務平台，消費者只需在網站上輸入自己的使用者名稱和密碼，選擇需要的商品和數量，就可以輕鬆完成購物；免費服務電話的開通，使消費者可以更方便地諮商產品訊息和美容訊息，還可以透過電話下單購買產品。另外，DHC 在亞洲多個城市，實行快遞配送，支持貨到付款；同時，DHC 也開通了郵購服務，DHC 的客戶可以透過郵購獲得自己需要的產品。

DHC 的供應鏈

DHC 擁有強而有力的供應鏈管理策略、高效的訊息系統和強大的執行力，保障 DHC 在很短的時間內響應顧客的需要，及時送貨，讓消費者很快便能收到自己購買的商品。

截至 2004 年 10 月，DHC 已擁有會員 368 萬人，在日本 DHC 已經成為通訊銷售化妝品的第一品牌，在卸妝、清潔、保溼領域長年保持第一的市場佔有率。在美國、瑞士、韓國、香港，DHC 都有不俗的銷量，贏得了眾多職業女性的青睞。

在社會經濟高速發展的今天，商品品類和供應通路更加多樣化，消費者需求的個性化和即時化趨勢明顯，消費者了解品牌和產品訊息的方式更加多元化，另外由於受消費者不同的教育程度、生活環境、消費方式等因素的影響，單一的行銷方式已很難適應時代的發展。如今，在網路浪潮的影響下，企業行銷的工具和手段更加多樣化，行銷成本持續增高，所以行銷工具的整合是企業應對市場競爭的必然選擇，整合行銷已經是必須採取的行銷策略。

行銷新法則

在如今的顧客經濟時代，獲得客戶的訊息只能算是精細化經營客戶的開端，只有在與客戶進行深入交流和接觸的過程中，行銷人員才能真正了解客戶，並且獲得客戶的回饋訊息，進而逐步影響客戶對產品、對公司、對行銷人員的看法和信任度，最終將客戶變成自己真正的資產。如果你還停留在以前對銷售的認知中，認為將產品賣給客戶之後，行銷活動就結束了，那只能說明你已經跟不上顧客經濟時代的步伐了。下面，我們就來看看在完成「銷售」這個詞本身的意義之後，還需要做些什麼才能逐步將客戶變成自己的無形資產？

1. 分析和利用客戶資源

對於行銷人員來說，客戶資源就是能夠鎖定並以此為據開發更多目標客戶的客群。行銷人員可以透過對這一客群的系統整合，建立起一個方便維護的管道，並透過這樣一個管道獲取一些關於需求、市場等有效的訊息。

行銷人員對於客戶的維護能夠從一定程度上為企業的市場競爭建立優勢。

(1) 努力發展屬於自己的客戶

一定的客戶數量是行銷人員能夠在一個公司獲得良好發展的有利途徑。

每一個客戶都會有屬於自己的個性、辦事風格、處世態度等，而性格相近的人群往往比較容易溝通。如果行銷人員能夠根據自己的辦事風格培養出自己的客群，無疑為行銷人員進一步展開自己的工作提供了一個非常有利的條件。

(2) 維護每一個跟自己有過接觸的老客戶

重視產品品質問題

確保每一件銷售的產品都是完好無缺的。如果，在產品銷售出去後發現問題，也應該主動承擔應該承擔的責任。「挑剔的顧客是買家」，換句話說，那些在銷售過程中對產品品質提出質疑的客戶有可能就是潛在的客戶。當面對顧客的挑剔時，行銷人員的第一反應不應該是拒絕、排斥，而是虛心傾聽客戶的意見，用自己的專業知識給予有效回應。

建立方便的客戶投訴制度

行銷人員如果認為客戶投訴只是公司的事情就大錯特錯了。在一個合理完善的公司投訴體制下，一個行銷人員也應了解相關的投訴處理辦法，確保自己以後不會再犯這一類的錯誤。

(3) 整合利用現有的客戶資源

- 做好客戶的登記整理工作；
- 建立客戶資料庫；
- 分析現有客戶；
- 有計畫地使用這些資源；
- 選擇恰當的活動推介方案；
- 維護客戶的忠誠度；
- 盡可能與同事共享客戶資源。

2. 經常回訪客戶

一般大型企業都會有專門的部門負責客戶回訪工作，不過行銷人員也不能因此就省略掉親自回訪客戶的環節。客戶回訪是行銷人員常用的一種方法。透過客戶回訪，能夠很直觀地了解到產品的相關訊息、服務的滿意程度、客戶的購物傾向等，更重要的一點就是對客戶進行回訪是維繫客戶的最常見方法之一。回訪客戶的方法有電話回訪、簡訊回訪、郵件回訪、面談等，其中電話回訪是最常見的回訪方式之一。

傑克是一個道地的美國人，因為愛好汽車，這 30 年間他已經購買過 8 輛汽車。

一天下午，傑克跟幾個好朋友在自家的後花園聊天，無意中聊到了自己所購買的 8 輛汽車。傑克說，賣給他汽車的是 8 位不同的銷售人員，他們在得知傑克有購車欲望後就對他大獻殷勤，可是當賣出汽車後，都無一例外地消失了。這些銷售人員之後便再沒有和傑克連繫過，更別提什麼回訪了。其他幾個朋友聽了他的話，紛紛附和，都說自己遇到過這樣的情況。

回訪客戶是行銷人員拉攏和留住老客戶的重要方法，缺少了回訪這個環節，就會讓客戶產生失落感，讓客戶覺得行銷人員都只是為了他們口袋裡的錢，是不可以信任和依賴的。

3. 積極回應客戶的抱怨

行銷人員或多或少都會聽到一些客戶的抱怨，俗話說：「無理取鬧，必有所圖。」我們要能夠看到他們抱怨的背後動機。事實上，不管我們的產品多麼完善，還是不能滿足每個客戶的需求。當客戶對我們的工作或者產品有一些看法甚至指責的時候，我們要能夠用一種恰當的方式處理客戶的這些消極看法。而成功化解這種抱怨的前提就是要站在客戶的立場上看待問題，並報之以真誠的態度。

松下幸之助的經營哲學是這樣一句話：首先要耐心聽取別人的意見。這個意見當中也包含了抱怨，當客戶對著我們抱怨的時候，我們要耐心傾聽。一些剛涉足銷售產業的工作人員在面對客戶抱怨的時候，難免會有些不忿：「憑什麼要我去聽他囉唆，我又沒有做錯什麼……」經驗豐富的行銷人員在面對客戶抱怨的時候，經常會用到這樣一招：那就是耐心聽取。不管客戶抱怨的是自己的家務事，還是其他什麼跟自己完全無關的事情，他都能夠耐心聽下去。

小燕是一名剛畢業的大學生，父母年事已高，家中還有一對正在上高中的雙胞胎弟弟。剛畢業的她放棄了很多機會毅然決然回到了家鄉，然後，開始找工作。經過多方打聽她得知，跑業務很賺錢，並且相對比較自由。毫無經驗的她經過多次努力終於成為一家建材公司的銷售代表。也許是因為這股力量，她決心要在半個月內完成一個月的銷售額，然後，回家幫父母做點農務。

然而，誰也沒想到的是，作為一個初出茅廬的銷售新人，她竟然花了半個月就完成了銷售目標。一次會議上，大家坐在一起交流經驗，輪到她時，她只是輕描淡寫地說：「要注意傾聽客戶的講話，尤其是抱怨。」

之後，她舉了個自己工作中遇到的例子。剛上班的時候，一個老業務員看她沒有客戶，就介紹她一個自己的老客戶，想讓她先鍛鍊鍛鍊。

當她忐忑不安地按照約定的時間來到客戶辦公室時，客戶一見面就開始向她抱怨，說什麼她們公司的產品又貴又不實用。小燕嚇壞了，立即拿出自己的工作筆記，詳細地記錄下了客戶隱含在抱怨之後的意見。在客戶長達半個小時的抱怨中，她也沒有一點不耐煩的表情，還盡其所能地利用自己所知道的知識為客戶提出了中肯的建議。

到了客戶下班時間，小燕什麼話都沒說就走了，心想這事情終於結束了。

誰知道，第二天一上班，客戶就通知她過來簽訂單。起初，她只是覺得自己很幸運。但是，後來又發生了很多次類似的事情：一位客戶甚至向她抱怨自己的妻子太愛花錢、孩子太不懂事等等。她才漸漸意識到自己無意識的舉動竟會給工作帶來如此大的幫助。

要知道，正確處理客戶的抱怨，對行銷工作而言也是至關重要的一環。

一個不滿意的客戶會把他的態度轉達給至少 10 個人，其中的 20%會告訴 20 個人，按照這種演算法則，10 個不滿意的客戶會影響到 120 個人，其產生的後遺症不可輕視。但若能恰當處理客戶的抱怨，70%的客戶還會選擇繼續購買；如果能夠當場處理好客戶的抱怨，則會有高達 95%的客戶會繼續購買。那麼，我們該怎麼處理客戶的抱怨呢？

1. 注意態度，耐心傾聽和回應；
2. 迅速找到客戶產生抱怨的原因，譬如產品品質不佳、服務差強人意、廣告誤導消費者等；
3. 做好應對顧客抱怨的心理準備，包括竭力避免感情用事、每一個業務員都要做好代表公司整體形象的準備、做好化解壓力的心理準備、把客戶的抱怨當成珍貴的情報等；
4. 採取一些恰當的技巧，諸如換當事人、換場地、換時間等等。

4. 做好售後服務

銷售是一個包含了銷售過程與銷售以後的後續服務的系統過程，從某種意義上說，售後服務甚至比銷售更為重要。也有這樣的說法：售後服務才是銷售的開始，這就更加肯定了售後服務的重要性。這就好比一個運動員在一開始的比賽中跑得非常快，但是衝刺的時候有所懈怠，那他的最終結果也是失敗。

很多產品的品質讓消費者很放心，不僅僅表現在品質上，更表現在售後服務這一方面。售後服務到位了，消費者購買起來才能更加放心。現代的商業理念表明，售後服務是銷售活動中很重要的一部分，它已經不僅僅是銷售過程的一種附加價值。一次成功的銷售應該包括良好的售後服務。

售後服務意味著不僅僅是向消費者提供所出售商品的品質保證，也意味著能夠在一段時間內確保商品的良好使用狀態。

很多公司在市場競爭日益激烈的情況下，漸漸看到了售後服務的重要性。當消費者意識與消費觀念越來越強的時候，就對企業的售後服務提出了更高的要求。因為消費者已經不僅僅把目光的重心放在產品本身上，在同類產品的性價比差別不大的情況下，售後服務成為激發消費者購買欲望的關鍵所在，完善的售後服務已經成為成敗的決定性因素。

作為行銷人員之所以要了解售後服務的重要性，就是要在跟客戶進行溝通的過程中把公司有關售後服務的理念很好地轉達給客戶，這很有可能會成為最有說服力的條件之一。

行銷數位化

如今，社交網路已經充斥著我們生活的各方面：購物的社交化、行動的社交化、娛樂的社交化、內容的社交化等。把無所不在的社交基因與不斷完善的網路相結合，將不斷形成新的商業內容，給企業或消費者帶來不一樣的驚喜。

在以往的 10 年間，隨著消費者參與商業活動的程度不斷加深，行銷人員也在不斷地進行調整，以適應這個不斷變化的新時代：他們幫自己加入了新的職能，比如社交媒體管理；他們讓業務流程更加流暢、完善，以便整合管理如印刷品、電視、廣播、網路等不同形式的行銷活動；他們還重新具備了新的行動網路專業知識與網路知識，以適應不斷更新的媒體環境。

可以說，市場每天都在重新定義市場行銷的發展。在這裡，我們將提供一些反映這些變化的實際行銷案例，讓更多的企業或者行銷人員能夠更容易理解甚至駕馭這個消費者參與度不斷加深的時代。

1. 涉足社交媒體行銷的公司比例正在不斷攀升

說到社交媒體，其實也不是什麼新鮮話題了。隨著消費者投入越來越多的時間在社交網路上，也就決定了：他們的產品選擇往往是與朋友或者其他有影響力的人的互動結果。出於對這一現象的察覺與回應，領先的市場行銷人員也正在逐漸開始調整自己的行銷節奏，以便更好地與日益網路化的消費者對接。

知名的 Insider Intelligence 調查發現，如今企業向社交媒體涉足的浪潮已經勢不可擋，在全球只剩下約 8.4%的企業還沒有進行社會化媒體預算。而且，根據其釋出的數據顯示，社交媒體行銷方式在美國正在不斷增加，2008 年有 42%的美國公司使用社交媒體行銷，2010 年這個比例上升至 73%，2012 年攀升為 88%，而在未來這個比例還將不斷上升。

不過，雖然社會化媒體有著巨大的行銷潛力，但是其背後也有很多問題：

你知道口碑傳播的價值到底在哪嗎？你能夠準確計算出每一個品牌好友背後能夠為你帶來多大的商業價值嗎？因此，盲目追求品牌好友並不是可取的，行銷人員在進行嘗試時，要在探索中去評估社交媒體行銷的經濟價值，並且進行定量衡量。

2. SoLoMo 行銷：由 Social、Local、Mobile 結合帶來的行銷奇蹟

從 2011 年 2 月「SoLoMo」概念（社群化、在地化、行動化）被約翰・杜爾（John Doerr）首次提出以來，這個詞已經迅速風靡全球。它是由 Social（社群化）、Local（在地化）和 Mobile（行動化）這三個詞結合、演變而來，一經提出後便被一致認為是網際網路的未來發展趨勢，如圖 9-6 所示。

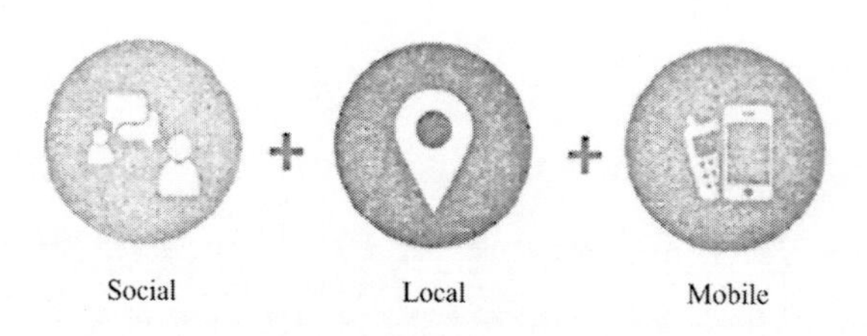

圖 9-6 SoLoMo 模式

在行銷方面，若能夠將社群化、在地化和行動化應用完美結合，則能夠打通所有的接觸點，聽到消費者真正的需求與呼聲，並且透過消費者的行為分析來確定其消費模式，進而幫助企業迅速做出回應以適應消費者不斷變化的需求。

3. 量化社交媒體行銷的經濟價值，正在逐漸實現

麥肯錫（McKinsey & Company）研究顯示，消費者的購買行為已經具備一定的協同性，單向的廣告灌輸已經越來越難以影響消費者的購買決策了。就像美國運通公司前首席行銷長約翰·海耶斯（John Hayes）說的那樣：「我們從自說自話變為相互對話。大眾傳播媒體將會繼續發揮作用，但其扮演的角色已經改變。」

在傳統的媒體時代，廣告主們更喜歡用 CPC（Cost Per Click，每次點擊成本）、CPM（Cost Per thousand impressions，每千次曝光成本）等這些清晰可見的數字來衡量 ROI（Return on Investment，投資報酬率）。而某知名行銷專家則表示：「其實，SNS（Social Network Services，社群網路服務）社交媒體相比電視媒體或其他網際網路平台，可衡量性更高。這絕不僅僅停留於廣告的曝光和點選，還包括使用者之間的口碑傳播，以及好友的價值。」

對整體 ROI 的提升進行量化。在社交媒體中，其獨特的社會化廣告及傳播機制因為是以真實的社交關係與使用者為基礎的，這樣一來更能激發消費者的信任度，同時也讓每個人都可能成為傳播者。廣告主不但能夠獲得免費媒體，還可以社交關係的口碑傳播獲得免費的宣傳媒體。

因此，SNS 社交媒體廣告的衡量標準不僅應該包括付費廣告的點選、曝光，還應該包括最終獲取的好友數、活動後續行為所帶來的口碑傳播量、好友的活躍度等衡量標準。

4. 社交化已經無處不在

確實，社會化廣告形式已經發展到了新的階段，它將取決於消費者的喜好。在這個階段，消費者自己將掌握網路傳輸內容的控制權，而不是完全依靠於媒體。也因此，消費者才會越來越青睞於如 IG、FB 之類的倡導網友內部互動分享的網站。而未來的 SNS 將呈現出五大社交化趨勢，如圖 9-7 所示：

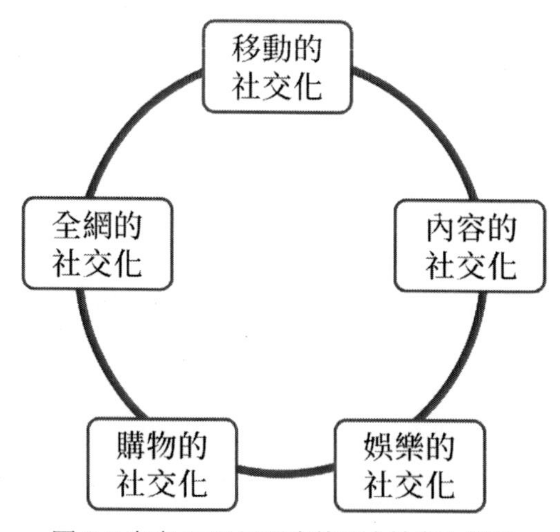

圖 9-7 未來 SNS 呈現出的五大社交化趨勢

1. 移動的社交化
2. 內容的社交化
3. 娛樂的社交化
4. 購物的社交化
5. 全網的社交化

真實的社交關係將永遠是 SNS 網站商業模式的核心，「不論是社交連繫、社交遊戲，還是社交購物，每一條線都圍繞一個核心 —— 社交」。

SoLoMo 行銷

進入行動社交媒體時代，各種手機應用、位置服務、手機支付、虛擬購物層出不窮，為企業行銷開啟了無限的想像空間。

截至 2010 年，全世界有 50 億部手機，其中 40 億部正在使用，在這 40 億中，智慧手機有 10.8 億部，每天下載第三方應用程式 3,000 萬次。

行動網路的蓬勃發展為企業提供了嶄新的市場，面對如此大規模的移動使用者，企業應該如何把握？在行動網路時代應該怎樣進行行銷才能達到最好的效果？

1. 行動網路媒介與傳播屬性特徵

近幾年，隨著行動網路的發展和智慧終端裝置的普及，大量的行動應用不斷湧現，使用者構成和行為習慣也隨之發生了巨大的改變，這些改變也吸引了大量企業的注意，行動網路成為企業行銷的新場所。

與傳統行銷方式相比，行動網路跨越了時間、空間的邊界，透過手機和平板等智慧行動裝置，行動網路將隨時隨地進行的訊息傳播變為現實，真正做到了即時釋出、即時接收，無論在下班途中，還是在睡覺之前，無論在都市的車流中，還是在鄉間的田野上，使用者都可以即時獲得別人釋出的訊息，同時也可以即時製造和傳遞訊息。

而且使用者已經越來越習慣行動裝置的使用，在美國，43%的 X 使用者透過行動裝置使用 X，Facebook 使用者也是相似的情況。龐大的使用者基礎，催生了行動網路的即時化行銷，任何時間、任何地點、任何對象、任何訊息、任何方式的訊息傳播都變成了現實。

行動網路時代，位置的移動也不會影響網路的使用，隨著消費者的位置變化，企業提供的訊息也可以進行有針對性的改變，於是基於使用者位置的服務也產生了行銷價值，LBS（Location Based Service）定位服務成為新的行銷模式。

2009 年 3 月，基於使用者地理位置訊息的手機社交服務網站 Foursquare 在美國上線，短時間內吸引了超過 100 萬的使用者註冊，到 2011 年 3 月則達到了 750 萬。隨後 Loopt、Brightkite、Yelp、Where、Gowalla 和 Booyah 等 LBS 社交網路服務商相繼湧現，Google、Apple、Facebook、X 等網路大廠也加入 LBS 市場角逐。由於地理位置的加入，人與訊息融為一體，成為行動網路世界的一個節點，眾多的節點一起構成了整個社會。與傳統訊息的傳播方式相比，節點與節點之間更容易形成精準快捷的訊息互動，從而更便捷地滿足彼此的訊息需求。例如，從前在電視螢幕上播放的一則廣告，現在變成了針對不同節點的成千上萬條定製廣告；從前的一家媒體，現在變身為針對不同節點的成千上萬個定製服務。

行動網路在使用者之間建構了新的連繫和關係維繫模式。行動網路時代之前，人們之間的關係大都依靠工作、熟人，或者 SNS、即時通訊工具等建立和維繫關係，但是行動網路的出現為使用者提供了基於地理位置、基於興趣、基於行為等更多樣的聚合關係，並且這些關係一般具有更高的商業價值。例如，根據居住位置，使用者可以透過手機聚集身邊的鄰居發起團購；根據旅行軌跡，使用者可以在手機上尋找興趣相投的隊友組成登山隊、露營隊等。

除此之外，行動網路還消除了不同媒介之間的隔閡，實現了多媒介融合，手機、平板等行動裝置既能接收音訊、影片檔案，又可以接收圖文等檔案，使用者可以任意組合文字、圖片、影像、聲音等各種檔案形式來進行訊息傳播，行動媒體、行動廣播，行動電視、行動網站、行動SNS、行動電子商務等不同的形態都可以跨界組合，行動網路成為全媒介的傳播平台。

行動網路是行銷鏈中重要的樞紐，透過使用者的位置訊息、機型、時間訊息的收集，加上對使用者個人習慣訊息的分析，從時間、空間上對各種形式的媒介進行補充，幫助企業迅速了解使用者的狀態和需求，從而制定出更精準的互動行銷策略。

基於人與人之間的多向互動及信任推薦，企業在行動網路通路開展行銷活動，可以更精準地定位目標客戶，透過社會關係鏈進行訊息的傳播，實現更好的行銷收益。

2. 行動網路廣告的機會

在全球市場，2014 年行動廣告市場超過 300 億美元，增長率達到 210%。快速發展的市場和巨大的成長空間為眾多企業提供了大量的機會。

(1) 行動搜尋廣告

與傳統網際網路情況類似，搜尋引擎是行動使用者訪問最頻繁的網站，大約有 77%的使用者會使用智慧手機訪問搜尋引擎，使用者喜愛造訪的其他網站分別是社交網路、電商網站和影片網站。

因而，行動搜尋引擎網站成為眾多企業搶奪的陣地。正如他們在 PC

時代對傳統網際網路搜尋引擎的爭奪，如今企業開始關注在行動搜尋引擎的排名，透過在行動網路的行銷來確保使用者在行動網路可以搜到自己的名字。

如果企業的名字沒能出現在搜尋結果的第一頁，或者即便出現在了第一頁，但是點選量不大，那麼企業應該在行動搜尋引擎投放廣告了，以便於企業在搜尋結果中更容易被注意到，企業還可以透過在搜尋廣告中提供電話號碼、在主頁中為使用者提供一個可以發送給朋友的連結、提供可以到最近店面的地圖等方法，讓企業更容易被連繫。

(2) 行動顯示廣告

為了迎合行動網路使用者的行為和應用特徵，行動顯示廣告支持多種投放路徑和檔案格式，既可以投放在各種 App 內，也可以投放在行動瀏覽器，既支持包括標準的旗幟格式，也相容非標準的媒體互動格式。

很多企業在投放行動顯示廣告時選擇多條路徑同時投放的模式，在蘋果或者 Google 的應用商店裡插入廣告頁面，同時在行動網路瀏覽器中插入廣告顯示。

使用者在使用智慧手機的過程中，接近一半的時間都在使用新推出的手機應用軟體，截止到 2013 年 5 月，App Store 的下載量已突破 500 億次，平均每一個蘋果使用者在 App Store 下載了超過 20 款 App。

瀏覽器加上層出不窮的手機應用，行動網路為企業提供了一種能夠迅速、廣泛、低成本並且直接覆蓋消費者的廣告手段，品牌製造商、廣告公司、行動營運商和媒體公司越來越重視在行動媒體的行銷布局，甚至在 App 內的廣告顯示中增加體驗的創意，以吸引消費者的點選。

隨著行動終端的持續進化，行動廣告的表現形式也隨之不斷豐富，從小型的文字條幅，到迷你小遊戲、互動式小工具和競賽，無所不包，甚至還有一些在地化商家的廣告根據使用者所在的位置提供特殊優惠獎勵，以此吸引使用者更多的關注。蘋果 iAd 就是互動式廣告服務的典型代表，它支持使用者在廣告中進行各種互動，比如探索微型世界、觀看影片、參加競爭、體驗遊戲等。

3. 行動行銷新策略

除了廣告之外，手機應用、位置服務、手機支付、虛擬購物等形式都可以作為企業行銷的平台，行動網路催生了源源不斷的行動行銷新策略。

(1) 品牌 App 開發與應用推廣，讓人們主動使用並捲入到行銷的互動中

透過 Nike ＋ GPS 這款時尚手機應用的開發和推廣，Nike 贏得了更多的曝光機會和更好的使用者口碑，此外，在刺激使用者購買欲這一點，Nike ＋ GPS 也取得了不亞於條幅廣告的效能。

品客洋芋片也是品牌 App 行銷的受益者。2012 年國外夏季音樂節期間，品客推出了一款音樂 App，這款 App 支持包括吉他、貝斯等 15 種不同樂器的聲音，幾個人就可以輕鬆組成樂隊，成功吸引了大量音樂愛好者。

使用者可以從品客網站下載 App，也可以透過掃描品客洋芋片包裝上的條碼來獲得新的效能和更酷的徽章，還可以透過 Facebook 分享給好友。

伴隨著 App 的大量下載，品客也迎來了銷量的巨幅增長和更長遠的品牌影響力。

(2) 基於位置服務的行銷創意整合，激發消費者的廣泛參與

為了開啟瑞典市場，BMW Mini 汽車在開展了一項創意十足的行銷活動，他們製作了一個具有 GPS 定位地圖的 App，上面顯示著一部虛擬 Mini 的位置、本人和其他使用者的位置。只要使用者到了虛擬汽車的 50 公尺內，就可以得到這部車，如果此時有別的使用者進入這輛虛擬車的 50 公尺範圍，就可以將它搶走，最後，誰能夠保持 Mini 在自己手中一週，就可以得到一部真正的 Mini！推廣期間，上千瑞典人踴躍參與，不僅跑上街頭爭搶，還在社交網路進行各種分享，極大地提升了使用者體驗和參與感。

隨著行動社交的發展，消費者越來越習慣於分享自己的位置，因而基於位置服務的行銷組合能夠激發消費者的廣泛參與，比如「位置服務＋優惠券」或者「位置服務＋團購」等組合行銷方式。而這種方式的有效性也吸引了眾多企業蜂擁而至，成為行動行銷的新潮流。

(3) 即時化的消費者回饋

行動網路時代，消費者變得越來越主動，普及的智慧手機和行動網路給消費者提供了隨時隨地發表意見的管道，而這些即時化的消費者回饋，將成為企業更新服務和研發創新產品的重要依據。這種回饋機制也奠定了粉絲經濟的基礎。

(4) 手機支付的應用和移動虛擬購物

行動支付的開通，催生了行動虛擬購物市場。

2011 年，星巴克在全美範圍內開通手機支付，消費者只要在手機裡安裝星巴克的支付軟體，就能到星巴克刷手機喝咖啡。目前，美國境內的星巴克交易中，行動支付至少貢獻了 10 億美元，星巴克的行動支付軟

體也成為全美最受歡迎的行動支付之一。

針對懶得去超市的上班族，韓國連鎖超市 Homeplus 推出了更為便利的虛擬商店，它不只是包括購物網站，還有散布在地鐵站的購物服務，在這種類似燈箱廣告的虛擬超市顯示器上，消費者可以輕鬆地找到實體超市裡售賣的各種商品。消費者在等車的時間裡就可以完成購物，然後用手機掃碼支付，購買的商品則會被送到家門口。這樣一來，Homeplus 就可以在不增加實體門市數量的情況下繼續增加產品銷量，而消費者也得到了便利，實現了雙贏局面。

4. 行動行銷之跨界整合

行動網路時代，各智慧行動裝置都可以實現訊息跨媒介傳播，因而與其他媒體進行整合行銷，也是行動行銷的發展方向。透過媒體間取長補短的整合，可以實現整體行銷價值最大化，增強廣告對消費者購買決策的影響，讓廣告投放更為精準有效，最終實現銷量的增長和企業的發展。

2011 年，麥當勞在瑞典推出了一項戶外互動廣告活動，透過智慧手機與戶外廣告媒介整合，吸引了不少路過的遊客和當地附近居民參與。

麥當勞在店外安裝了一個創意互動戶外廣告牌，消費者可以透過智慧手機和互動戶外廣告牌玩遊戲，消費者只要來到廣告牌附近，在手機上選擇想要的食品，然後就用手機在互動廣告牌螢幕上玩擋球小遊戲，只要將球維持在擋板上 30 秒，就可以免費獲得自己選擇的食物。

這款簡單的互動遊戲吸引了大量的人群參與，透過遊戲贈送的免費食品，麥當勞很快地將遊戲參與者引導到了附近店面，當參與者進店兌換獎品，他們很可能還會發生其他消費。此外，這種新奇的行銷方式還能獲得消費者的關注和口碑討論，一舉多得。

行動網路時代，使用者更傾向於同時應用多個裝置，看電視的同時玩手機，已經成為人們生活的常態。針對這種現象，很多公司開始考慮將手機和電視連線，以增強電視廣告的影響力。

無線網際網路服務商 WiOffer 公司推出了一款名為 WiO 的手機 App，從此，出現在電視螢幕上的所有產品，使用者都可以立即了解到它們的相關訊息，同時得到市場行銷人員提供的優惠券、傳單、連繫訊息等多種後續服務，這一應用將徹底改變人們觀看電視的體驗，同時預示著電視媒體和行動網路整合帶來的巨大行銷空間。

位置服務的開通，為行動網路帶來了更多的可能，透過與電視、戶外電子廣告等其他媒體的跨界整合，行動行銷擁有了更靈活的功能，既可以引導消費者走向銷售終端，又能夠吸引實體消費者到網路上參與品牌活動，實現了大眾廣告到針對個人的個性化精準行銷的轉變。

除此之外，行動網路也開啟了大數據行銷時代，透過對通話訊息、簡訊活動、搜尋請求和線上活動等手機數據的採集，能夠構成一個揭示使用者社交規律的龐大商用資料庫，透過對這個資料庫的深度挖掘，企業可以總結出固定客群的行為共性，從而實現更精準的行銷整合。

總之，有了行動網路，行銷便開啟了 Social（社群化）、Local（在地化）、Mobile（行動化）的 SoLoMo 新時代。

NLP 突破性行銷，啟動夢想，引領成功之路，引爆行銷革命：

贏得客戶好感，建立客戶忠誠，創造積極互動關係

作　　者：龐峰
發 行 人：黃振庭
出 版 者：財經錢線文化事業有限公司
發 行 者：財經錢線文化事業有限公司
E-mail：sonbookservice@gmail.com
粉 絲 頁：https://www.facebook.com/sonbookss/
網　　址：https://sonbook.net/
地　　址：台北市中正區重慶南路一段六十一號八樓 815 室
Rm. 815, 8F., No.61, Sec. 1, Chongqing S. Rd., Zhongzheng Dist., Taipei City 100, Taiwan
電　　話：(02)2370-3310
傳　　真：(02)2388-1990
印　　刷：京峯數位服務有限公司
律師顧問：廣華律師事務所 張珮琦律師

定　　價：375 元
發行日期：2024 年 04 月第一版
◎本書以 POD 印製

國家圖書館出版品預行編目資料

NLP 突破性行銷，啟動夢想，引領成功之路，引爆行銷革命：贏得客戶好感，建立客戶忠誠，創造積極互動關係 / 龐峰 著 . -- 第一版 . -- 臺北市：財經錢線文化事業有限公司, 2024.04
面；　公分
POD 版
ISBN 978-957-680-848-7(平裝)
1.CST: 行銷學 2.CST: 行銷管理 3.CST: 行銷策略 4.CST: 顧客關係管理
496　　113003878

電子書購買

臉書

爽讀 APP